T0209532

essentials

essentials liefern aktuelles Wissen in konzentrierter Form. Die Essenz dessen, worauf es als „State-of-the-Art" in der gegenwärtigen Fachdiskussion oder in der Praxis ankommt. *essentials* informieren schnell, unkompliziert und verständlich

- als Einführung in ein aktuelles Thema aus Ihrem Fachgebiet
- als Einstieg in ein für Sie noch unbekanntes Themenfeld
- als Einblick, um zum Thema mitreden zu können

Die Bücher in elektronischer und gedruckter Form bringen das Expertenwissen von Springer-Fachautoren kompakt zur Darstellung. Sie sind besonders für die Nutzung als eBook auf Tablet-PCs, eBook-Readern und Smartphones geeignet. *essentials:* Wissensbausteine aus den Wirtschafts-, Sozial- und Geisteswissenschaften, aus Technik und Naturwissenschaften sowie aus Medizin, Psychologie und Gesundheitsberufen. Von renommierten Autoren aller Springer-Verlagsmarken.

Weitere Bände in der Reihe http://www.springer.com/series/13088

Heinz Klaus Strick

Einführung in die Beurteilende Statistik

Stochastik kompakt

Heinz Klaus Strick
Leverkusen, Deutschland

ISSN 2197-6708 ISSN 2197-6716 (electronic)
essentials
ISBN 978-3-658-21854-6 ISBN 978-3-658-21855-3 (eBook)
https://doi.org/10.1007/978-3-658-21855-3

Die Deutsche Nationalbibliothek verzeichnet diese Publikation in der Deutschen Nationalbibliografie; detaillierte bibliografische Daten sind im Internet über http://dnb.d-nb.de abrufbar.

Springer Spektrum

Gedruckt auf säurefreiem und chlorfrei gebleichtem Papier

Springer Spektrum ist ein Imprint der eingetragenen Gesellschaft Springer Fachmedien Wiesbaden GmbH und ist ein Teil von Springer Nature
Die Anschrift der Gesellschaft ist: Abraham-Lincoln-Str. 46, 65189 Wiesbaden, Germany

Was Sie in diesem *essential* finden können

- Die Bedeutung der Standardabweichung bei Binomialverteilungen
- Faustregeln für Sigma-Umgebungen
- Prognosen für Stichproben
- Binomialtest und Chiquadrat-Anpassungstest
- Von einer Stichprobe auf die Gesamtheit schließen
- Beispiele zu allen behandelten Themen

Vorwort

Die Inhalte des Mathematikunterrichts haben sich im Laufe der Zeit stark verändert. Zu den klassischen Gebieten Arithmetik und Algebra, Geometrie und Differenzial- und Integralrechnung kamen in den letzten 50 Jahren weitere Themen hinzu. Dabei bereitet die Stochastik durchweg die größten Schwierigkeiten – Lehrenden und Lernenden gleichermaßen.

Mit den beiden *essential*-Heften

- Einführung in die Wahrscheinlichkeitsrechnung – Stochastik kompakt
- Einführung in die Beurteilende Statistik – Stochastik kompakt

möchte ich dazu beitragen, die bestehenden Hürden zu überwinden.

Aufbauend auf dem ersten Teil (Grundlagen der Wahrscheinlichkeitsrechnung und Einführung der Binomialverteilung als einem einfach strukturierten Typ einer Wahrscheinlichkeitsverteilung) werden in diesem zweiten Heft die Grundfragen der Beurteilenden Statistik untersucht.

Zunächst wird dargestellt, dass durch die Standardabweichung einer Zufallsgröße das Streuverhalten um den Erwartungswert beschrieben wird. Die zunächst kompliziert erscheinende Maßzahl für die Streuung lässt sich jedoch bei Binomialverteilungen auf einfache Weise berechnen, und noch angenehmer: Es lassen sich einfache Faustregeln formulieren, mit deren Hilfe – ohne großen rechnerischen Aufwand – Prognosen für geplante Zufallsversuche möglich sind.

Dieser Aufgabentyp wird als Schluss von der **Gesamtheit auf die Stichprobe** bezeichnet – man kennt die Voraussetzungen für den durchzuführenden Versuch und *schätzt*, welche Ergebnisse der Versuch haben wird.

Und wie ist es zu beurteilen, wenn das Versuchsergebnis von dem erwarteten Ergebnis allzu sehr abweicht? Wann spricht man in diesem Zusammenhang von

signifikanten Abweichungen? Was bedeuten diese? Kann man mit Versuchsergebnissen etwas *statistisch beweisen?*

Wenn man Zufallsversuche durchführt, um Entscheidungen herbeizuführen, welche Fehlentscheidungen sind dabei möglich? Kann man das Risiko für eine Fehlentscheidung abschätzen?

Auf all diese grundlegenden Fragen geht dieses Heft ausführlich ein. Dies geschieht nicht durch allzu lange theoretische Ausführungen, sondern stets beispielgebunden, wobei auch hier das Prinzip „vom Einfachen zum Komplizierten" beachtet wird.

Nachdem die Fragestellungen der Beurteilenden Statistik anhand von Beispielen mit binomialverteilten Zufallsgrößen erarbeitet wurden, erfolgt im letzten Kapitel eine Verallgemeinerung vom Binomialtest zum Chiquadrat-Anpassungstest. Auch wenn die theoretischen Grundlagen hier nicht erarbeitet werden können, wird deutlich: Die Vorgehensweise beim Hypothesentest ist im Prinzip immer gleich – egal, welche Form der Verteilung vorliegt.

Heinz Klaus Strick

Inhaltsverzeichnis

Sigma-Regeln

1

1.1 Standardabweichung einer Binomialverteilung

Im letzten Abschnitt des *essential*-Hefts *Einführung in die Wahrscheinlichkeitsrechnung – Stochastik kompakt* wurden Binomialverteilungen mit der Erfolgswahrscheinlichkeit $p = 0{,}3$ und verschiedenen Stufenzahlen ($n = 25$, $n = 50$, $n = 100$, $n = 200$) untersucht, vgl. die nachfolgenden Histogramme.

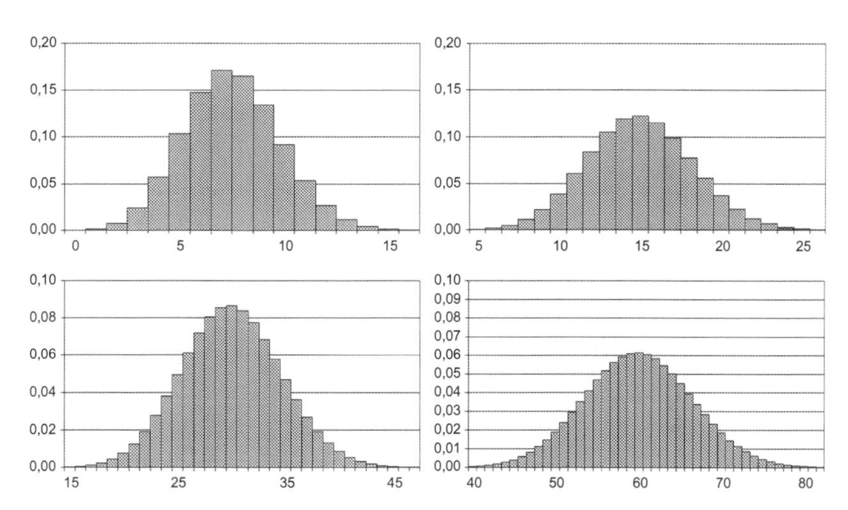

An den Abbildungen kann man ablesen, dass die Histogramme mit zunehmendem n immer stärker eine symmetrische Gestalt annehmen, wobei die Symmetrieachse beim Maximum der Verteilung liegt. Die Maximalstelle der Verteilung ist gleich

H. K. Strick, *Einführung in die Beurteilende Statistik*, essentials,
https://doi.org/10.1007/978-3-658-21855-3_1

dem Erwartungswert $\mu = n \cdot p$, wenn dieser ganzzahlig ist, oder einer der Nachbarwerte.

Eine weitere Eigenschaft ergibt sich, wenn man sich konkret die maximalen Wahrscheinlichkeiten in den vier Beispielen anschaut:

$n = 25$: P(7 Erfolge) $\approx$ 17,1 %; $n = 50$: P(15 Erfolge) $\approx$ 12,2 %;

$n = 100$: P(30 Erfolge) $\approx$ 8,7 %; $n = 200$: P(60 Erfolge) $\approx$ 6,2 %.

▶ Die Wahrscheinlichkeit für das Ereignis mit der größten Wahrscheinlichkeit nimmt mit zunehmendem *n* ab.

Dass diese Wahrscheinlichkeiten kleiner werden, ist plausibel, denn wenn ein Versuch 25-mal durchgeführt wird, können nur die 26 Ereignisse 0, 1, 2,…, 25 *Erfolge* eintreten, bei $n = 50$ die 51 Ereignisse 0, 1, 2 …, 50 *Erfolge* usw., d. h., die Gesamt-Wahrscheinlichkeit einer Wahrscheinlichkeitsverteilung, also 100 %, „verteilt" sich auf einen größeren Bereich.

An den Grafiken erkennt man aber auch, dass auf der horizontalen Achse gar nicht der gesamte mögliche Bereich aufgetragen ist, weil nämlich die Wahrscheinlichkeiten am linken und am rechten Ende dieser Intervalle so klein sind, dass man sie vernachlässigen kann.

Wenn man vom Erwartungswert aus symmetrisch nach links und nach rechts geht und die Wahrscheinlichkeiten für die einzelnen Ergebnisse aufaddiert, dann stellt man beispielsweise fest, dass die folgenden Ereignisse jeweils insgesamt eine Wahrscheinlichkeit von etwas über 99 % haben:

- $n = 25$: mindestens 2 und höchstens 13 Erfolge,
- $n = 50$: mindestens 7 und höchstens 23 Erfolge,
- $n = 100$: mindestens 18 und höchstens 42 Erfolge,
- $n = 200$: mindestens 43 und höchstens 77 Erfolge.

Ereignisse *außerhalb* dieser Bereiche haben also *insgesamt* eine Wahrscheinlichkeit von weniger als 1 %. Solche Ereignisse sind zwar möglich, aber äußerst selten.

Bemerkenswert ist dabei aber Folgendes: Wenn die Anzahl der Stufen verdoppelt wird, dann verdoppelt sich die Länge des 99 %-Bereichs *nicht*, sondern wächst nur mit einem Faktor von ungefähr 1,45, vgl. die folgende Tabelle.

	·2	·2	·2	
Stufenzahl n	25	50	100	200
Länge des 99 %-Intervalls	11	16	24	34
	· 1,45	· 1,50	· 1,42	

Dies beschreibt eine weitere wichtige Eigenschaft:

- Mit zunehmender Stufenzahl n konzentrieren sich die Binomialverteilungen auf *vergleichsweise* immer kleiner werdende Bereiche.

Um diese „Konzentration" genauer beschreiben zu können, betrachtet man in der Stochastik die sog. **Standardabweichung der Zufallsgröße,** durch die das *Streuverhalten um den Erwartungswert* charakterisiert werden kann. Um die Definition des Begriffs vorzubereiten, betrachten wir zunächst einmal ein Beispiel mit empirischen Daten.

Beispiel: Anzahl der Tore in der Fußball-Bundesliga

In der Spielzeit 2015/16 der Fußball-Bundesliga fielen in den 306 Spielen insgesamt 866 Tore, also im Mittel $\bar{x} = \frac{866}{306} \approx 2{,}83$.

Ein solcher Mittelwert sagt nichts darüber aus, wie viele Spiele im Einzelnen mit 0, 1, 2, … Toren endeten. Diese Detail-Information kann man der folgenden Abbildung entnehmen, in der die Häufigkeitsverteilung *Anzahl der Tore in einem Spiel der Fußball-Bundesliga der Spielzeit 2015/2016* dargestellt ist.

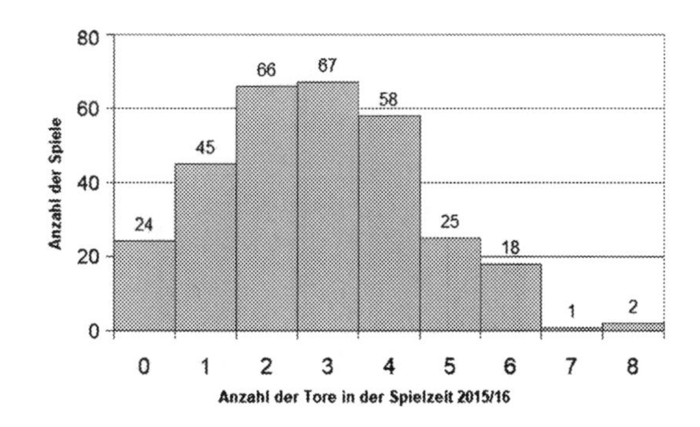

Beispiel

Um die Abweichung der einzelnen Werte (0 Tore, 1 Tor, 2 Tore, …) vom Mittelwert $\bar{x} = \frac{866}{306} \approx 2{,}83$ zu *messen,* betrachtet man in der *Beschreibenden Statistik* üblicherweise die sog. **empirische Varianz** s^2, das ist die mittlere quadratische Abweichung der einzelnen Tor-Anzahlen vom Mittelwert, d. h., man bildet die einzelnen quadratischen Abweichungen und gewichtet diese mit den relativen Häufigkeiten, mit denen diese auftreten:

$$s^2 = \frac{24}{306} \cdot (0 - 2{,}83)^2 + \frac{45}{306} \cdot (1 - 2{,}83)^2 + \frac{66}{306} \cdot (2 - 2{,}83)^2 + \frac{67}{306} \cdot (3 - 2{,}83)^2 + \ldots + \frac{2}{306} \cdot (8 - 2{,}83)^2$$

Für die Spielzeit 2015/2016 ergibt für die empirische Varianz s^2 der Wert 2,74.

In der Spielzeit 2009/2010 fielen (zufälligerweise) ebenfalls insgesamt 866 Tore, vgl. folgende Abb.

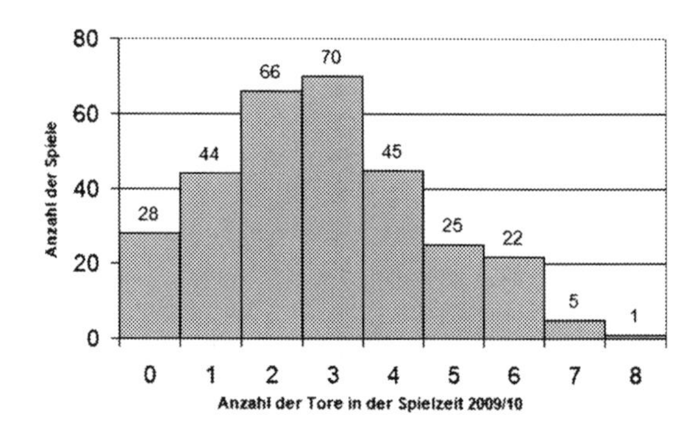

Die mittlere Anzahl $\bar{x}$ der Tore pro Spiel ist also ebenfalls ungefähr 2,83.

Hier ergibt sich jedoch die empirische Varianz 3,05; d. h., die Werte streuen etwas stärker um den Mittelwert 2,83 als in der Spielzeit 2015/2016.

Analog zu der *empirischen* Varianz eines Merkmals bei einer empirischen Verteilung bestimmt man bei einer *(theoretischen)* Wahrscheinlichkeitsverteilung die **Varianz σ^2 einer Zufallsgröße,** das ist die mittlere quadratische Abweichung der Werte der Zufallsgröße vom Erwartungswert der Zufallsgröße.

Für die Varianz verwendet man den griechischen Buchstaben σ (sprich: sigma), der an den Buchstaben s (wie Streuung) erinnert.

Beispiel: Glücksrad

In Abschn. 3.1 von *Einführung in die Wahrscheinlichkeitsrechnung – Stochastik kompakt* wurde ein Spiel mit einem Glücksrad betrachtet. Wenn das Glücksrad stehen bleibt, dann wird der Betrag in Euro ausgezahlt, der in dem betreffenden Sektor steht.

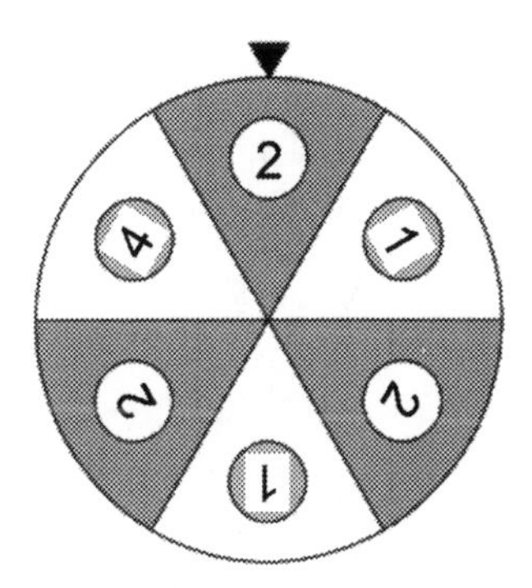

Mithilfe der Wahrscheinlichkeitsverteilung der Zufallsgröße *Ausgezahlter Betrag* berechnet man zunächst den Erwartungswert $\mu = 2$ und hiermit dann die Varianz $\sigma^2 = 1$, vgl. folgende Tabelle.

Auszahlung (in Euro)	Wahrschein-lichkeit	erwartete Auszahlung pro Spiel (in Euro)	mittlere quadratische Abweichung von μ
1	$\frac{1}{3}$	$\frac{1}{3} \cdot 1 = \frac{1}{3}$	$\frac{1}{3} \cdot (1-2)^2 = \frac{1}{3}$
2	$\frac{1}{2}$	$\frac{1}{2} \cdot 2 = 1$	$\frac{1}{2} \cdot (2-2)^2 = 0$
4	$\frac{1}{6}$	$\frac{1}{6} \cdot 4 = \frac{2}{3}$	$\frac{1}{6} \cdot (4-2)^2 = \frac{4}{6} = \frac{2}{3}$
gesamt	1	$\mu = 2$	$\sigma^2 = 1$

Bei einem Glücksrad mit sechs gleich großen Sektoren, von denen je zwei mit den Zahlen 1 bzw. 2 bzw. 3 beschriftet sind, ergibt sich ebenfalls der Erwartungswert $\mu = 2$, aber für die Varianz der Wert $\sigma^2 = \frac{1}{3} \cdot (1-2)^2 + \frac{1}{3} \cdot (2-2)^2 + \frac{1}{3} \cdot (3-2)^2 = \frac{2}{3}$, also eine geringere Varianz als im o. a. Beispiel.

Da es im Glücksrad-Beispiel um Auszahlungsbeträge in *Euro* geht, ergibt sich als Einheit für die Varianz die Einheit *Euro*^{2}. Damit man auch hier in der Einheit *Euro* messen kann, muss die Wurzel aus der Varianz gezogen werden.

Standardabweichung einer Zufallsgröße Die Standardabweichung σ einer Zufallsgröße ist definiert als die Quadratwurzel aus der mittleren quadratischen Abweichung der Werte der Zufallsgröße vom Erwartungswert μ der Zufallsgröße.

Die bisher untersuchten Beispiele lassen befürchten, dass die Standardabweichung nur mithilfe aufwendiger Berechnungen bestimmt werden kann. Erfreulicherweise trifft diese Befürchtung im Falle von Binomialverteilungen aber nicht zu.

Die Herleitung der Formel kann im Rahmen dieses *essential*-Hefts nicht erfolgen, aber an einem Beispiel kann verdeutlicht werden, dass sich der Aufwand tatsächlich in Grenzen hält.

Beispiel: Würfeln

Bei einem Spiel werden drei Würfel geworfen (oder, um es spannender zu machen: ein Würfel wird nacheinander dreimal geworfen). Man gewinnt so viele Euro, wie Sechsen fallen.

Bei diesem Zufallsversuch handelt es sich um eine 3-stufige Bernoulli-Kette mit Erfolgswahrscheinlichkeit $p = \frac{1}{6}$ (also Misserfolgswahrscheinlichkeit $q = \frac{5}{6}$).

Die schrittweise Berechnung des Erwartungswerts und der Varianz ist in der folgenden Tabelle ausgeführt. Für die Standardabweichung der Zufallsgröße *Anzahl der Sechsen* ergibt sich schließlich ein Wert, der auch direkt aus n, p und q berechnet werden kann: $\sigma = \sqrt{3 \cdot \frac{1}{6} \cdot \frac{5}{6}} \approx 0{,}645$.

Anzahl der Erfolge = Auszahlung in Euro	Wahrscheinlichkeit	erwartete Anzahl der Erfolge = erwartete Auszahlung in Euro	Varianz der Zufallsgröße (in Euro²)
0	$1 \cdot \left(\frac{1}{6}\right)^0 \cdot \left(\frac{5}{6}\right)^3 = \frac{125}{216}$	0	$\frac{125}{216} \cdot \left(0 - \frac{1}{2}\right)^2 = \frac{125}{216} \cdot \frac{1}{4} = \frac{125}{864}$
1	$3 \cdot \left(\frac{1}{6}\right)^1 \cdot \left(\frac{5}{6}\right)^2 = \frac{75}{216}$	$1 \cdot \frac{75}{216} = \frac{75}{216}$	$\frac{75}{216} \cdot \left(1 - \frac{1}{2}\right)^2 = \frac{75}{216} \cdot \frac{1}{4} = \frac{75}{864}$
2	$3 \cdot \left(\frac{1}{6}\right)^2 \cdot \left(\frac{5}{6}\right)^1 = \frac{15}{216}$	$2 \cdot \frac{15}{216} = \frac{30}{216}$	$\frac{15}{216} \cdot \left(2 - \frac{1}{2}\right)^2 = \frac{15}{216} \cdot \frac{9}{4} = \frac{135}{864}$
3	$1 \cdot \left(\frac{1}{6}\right)^0 \cdot \left(\frac{5}{6}\right)^3 = \frac{1}{216}$	$3 \cdot \frac{1}{216} = \frac{3}{216}$	$\frac{1}{216} \cdot \left(3 - \frac{1}{2}\right)^2 = \frac{1}{216} \cdot \frac{25}{4} = \frac{25}{864}$
Summe	1	$\frac{108}{216} = \frac{1}{2}$	$\frac{360}{864} = \frac{15}{36} = 3 \cdot \frac{1}{6}\frac{5}{6}$

Man kann beweisen, dass allgemein gilt:

▶ **Erwartungswert und Standardabweichung einer Binomialverteilung** Für den Erwartungswert μ und die Standardabweichung σ der Zufallsgröße *Anzahl der Erfolge* bei einer n-stufigen Bernoulli-Kette mit der Erfolgswahrscheinlichkeit p und der Misserfolgswahrscheinlichkeit $q = 1 - p$ gilt:

$$\mu = n \cdot p \text{ und } \sigma = \sqrt{n \cdot p \cdot q}$$

Zu Beginn des Kapitels wurde am Beispiel $p = 0{,}3$ und $n = 25, 50, 100, 200$ festgestellt, dass bei Verdopplung von n die Länge des 99 %-Bereichs um den Erwartungswert μ ungefähr mit dem Faktor 1,45 wächst. Dies gilt entsprechend auch für die Maßzahl σ: Verdoppelt man bei gleich bleibenden p und q die Stufenzahl n, dann nimmt $\sigma = \sqrt{n \cdot p \cdot q}$ mit dem Faktor $\sqrt{2} \approx 1,4$ zu.

Diese Übereinstimmung lässt auf Vereinfachungen hoffen; und wie wir sehen werden, wird durch die Beschreibung des Streuverhaltens einer Binomialverteilung durch die Standardabweichung σ tatsächlich alles einfacher.

1.2 Sigma-Regeln

Am Ende des letzten Abschnitts des *essential*-Hefts *Einführung in die Wahrscheinlichkeitsrechnung – Stochastik kompakt* wurde darauf hingewiesen, dass die zunehmende Symmetrie der Histogramme eine weitere Eigenschaft mit sich bringt: Durch die oberen Seitenmitten der Histogramm-Säulen kann man einen stetigen Graphen zeichnen, der die Gestalt einer sog. *Glockenkurve* hat. Diese Glockenkurven sehen alle sehr ähnlich aus. Sie entstehen durch Verschieben, Strecken und Stauchen einer *Standard*-Glockenkurve, die nach ihrem Entdecker als **Gauss'sche Glockenkurve** bezeichnet wird.

Die Funktionsgleichung der zugehörigen Funktion, der **Gauss'schen Dichtefunktion** φ, lautet:

$$\varphi(x) = \frac{1}{\sqrt{2\pi}} \cdot e^{-\frac{x^2}{2}}$$

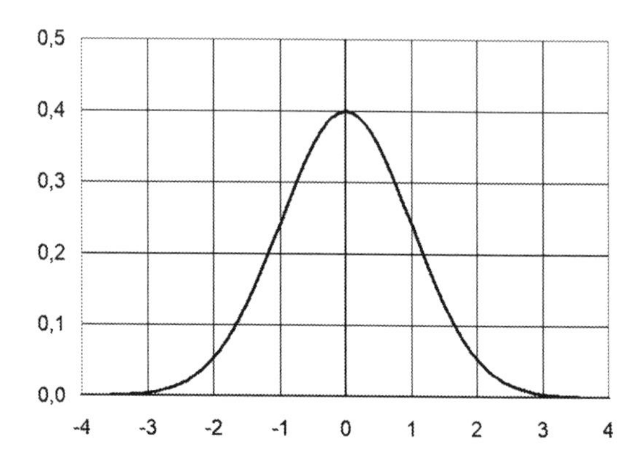

Für alle, die sich noch an den Unterricht in Differenzial- und Integralrechnung erinnern, hier einige Informationen zur Gauss'schen Dichtefunktion:

- Die Funktion ist für alle reellen Zahlen x definiert; alle Funktionswerte sind positiv.
- Der Graph von φ ist achsensymmetrisch zur y-Achse.
- Der Graph von φ steigt an bis zur Stelle $x = 0$ und hat dort einen Hochpunkt mit den Koordinaten $\left(0 \middle| \frac{1}{\sqrt{2\pi}} \approx 0{,}4\right)$; danach fällt er wieder.
- Der Graph von φ hat zwei Wendepunkte an den Stellen $x = -1$ und $x = +1$.
- Für den Flächeninhalt unter dem Graphen der Funktion gilt: $\int_{-\infty}^{+\infty} \varphi(\mathrm{x})d\mathrm{x} = 1$

Für die Fläche unter dem Graphen der Standard-Glockenkurve zwischen den beiden Wendestellen bei $x = -1$ und $x = +1$ gilt: $\int_{-1}^{+1} \varphi(\mathrm{x})d\mathrm{x} \approx 0{,}683$, vgl. folgende Abb.

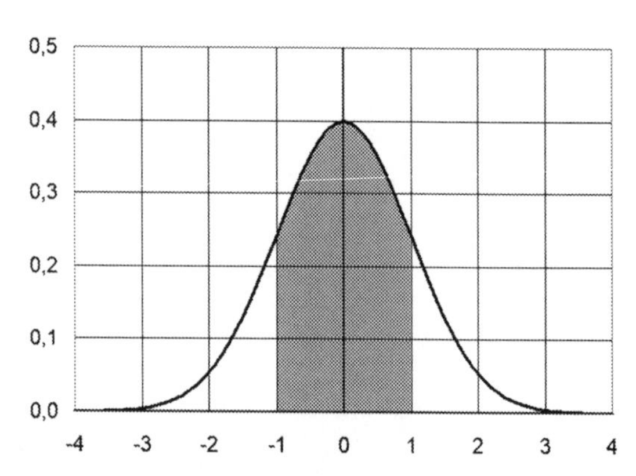

Betrachtet man andererseits die Binomialverteilung mit beispielsweise $n = 200$ und $p = 0,3$, also mit dem Erwartungswert $\mu = 200 \cdot 0{,}3 = 60$ und mit der Standardabweichung $\sigma = \sqrt{200 \cdot 0{,}3 \cdot 0{,}7} = \sqrt{42} \approx 6{,}5$, dann ist

$\mu - 1\sigma \approx 53{,}5$ und $\mu + 1\sigma \approx 66{,}5$ (dort liegen die Wendepunkte der zugehörigen Glockenkurve).

Und für die Wahrscheinlichkeit aller Ergebnisse, die in diesem Bereich liegen, also für 54, 55, 56, ..., 64, 65, 66 *Erfolge* zusammengenommen, ergibt sich:

P(1σ-Umgebung von μ)$\approx$68,3 %, vgl. folgende Abb.

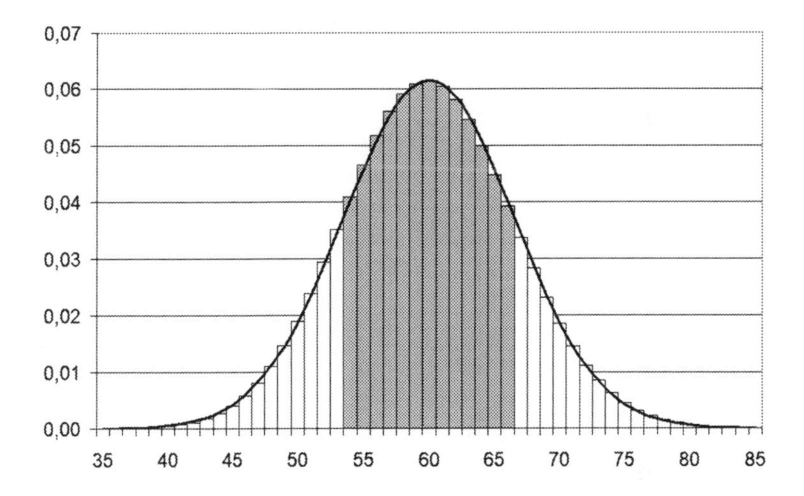

Wahrscheinlichkeit der 1σ-Umgebung von μ Geht man bei einer Binomialverteilung vom Erwartungswert μ aus um *eine* Standardabweichung σ nach links und um eine Standardabweichung σ nach rechts, dann haben die Ergebnisse, die in diesem Bereich liegen, zusammen ungefähr eine Wahrscheinlichkeit von 68,3 %.

Allgemein existieren analoge Zusammenhänge zwischen dem Flächeninhalt einer Fläche unter dem Graphen der Gauss'schen Dichtefunktion φ und Wahrscheinlichkeiten einer Umgebung um den Erwartungswert μ einer Binomialverteilung – falls n genügend groß ist. Beispielsweise gilt für den Flächeninhalt der Fläche unter dem Graphen der Gauss'schen Dichtefunktion φ im Intervall [–2; +2]:

$$\int_{-2}^{+2} \varphi(\mathrm{x})d\mathrm{x} \approx 0{,}955$$

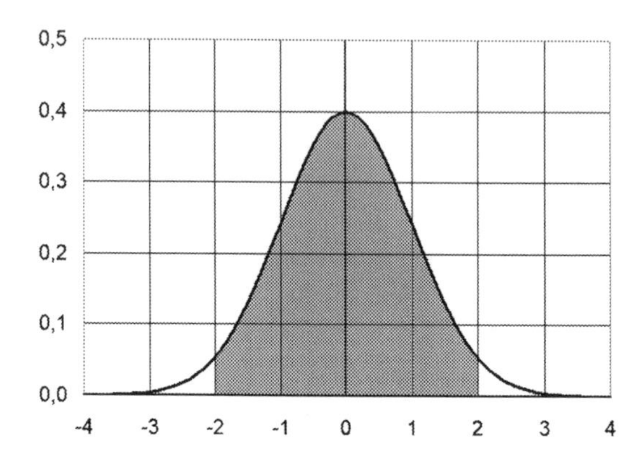

Und analog gilt für die 2σ-Umgebung von μ, also für die Gesamt-Wahrscheinlichkeit aller Ergebnisse, die sich vom Erwartungswert μ um höchstens 2σ unterscheiden, dass deren Wahrscheinlichkeit insgesamt etwa 95,5 % beträgt.

In der folgenden Abbildung sind im Histogramm der Binomialverteilung mit $n = 150$ und $p = 0,5$ alle Säulen grau gefärbt, die in der 2σ-Umgebung von μ liegen.

Hier gilt: $\mu = 150 \cdot 0{,}5 = 75$ und $\sigma = \sqrt{150 \cdot 0{,}5 \cdot 0{,}5} \approx 6{,}12$, also $\mu - 2\sigma \approx 62{,}76$ und $\mu + 2\sigma \approx 87{,}24$. Die 2σ-Umgebung von μ umfasst also die Ergebnisse 63, 64, 65, …, 85, 86, 87 *Erfolge*.

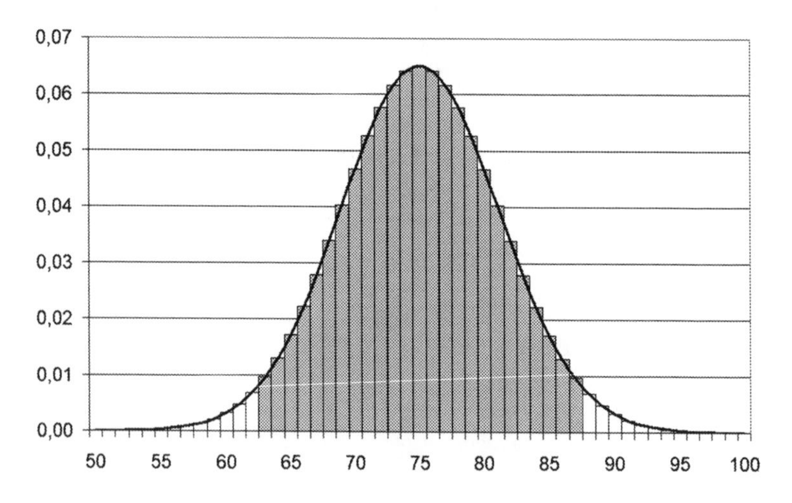

Und schließlich gilt auch: $\int_{-3}^{+3} \varphi(x)dx \approx 0{,}997 \approx P$ (3σ-Umgebung von μ).

Folgerung: Nur mit einer Wahrscheinlichkeit von weniger als 0,3 % treten bei Bernoulli-Ketten mit genügend großem n Ergebnisse auf, die weiter als 3σ von μ entfernt sind.

Wie wir in den folgenden Kapiteln sehen werden, spielen die 1σ-, 2σ- und 3σ-Regeln in der Anwendung keine so große Rolle, da man sich auf bestimmte Wahrscheinlichkeiten geeinigt hat, für die umgekehrt entsprechende Umgebungen angegeben werden müssen.

Auch diese Sigma-Regeln sind nur **Faustregeln,** d. h., sie geben die Wahrscheinlichkeiten von Bereichen nur *näherungsweise* an. Diese Näherungswerte reichen aber im Allgemeinen völlig aus, um sie bei den Verfahren der *Beurteilenden Statistik* anzuwenden.

Diese Faustregeln gelten nicht für beliebige Binomialverteilungen, vielmehr ist vor deren Anwendung zu überprüfen, ob die sog. **Laplace-Bedingung** erfüllt ist. Diese wurde bereits am Ende des letzten Abschnitts in *Einführung in die Wahrscheinlichkeitsrechnung – Stochastik kompakt* genannt.

Falls die Bedingung $n \cdot p \cdot q > 9$ erfüllt ist, kann man davon ausgehen, dass die Säulenhöhen eines Histogramms angemessen durch eine Glockenkurve wiedergegeben werden können.

Mittlerweile haben wir die Bedeutung des Produkts $n \cdot p \cdot q$ kennengelernt; daher können wir die Regel neu formulieren.

Näherungswerte für die Wahrscheinlichkeiten von symmetrischen Umgebungen um den Erwartungswert μ einer Binomialverteilung (Sigma-Regeln) Gegeben ist eine n-stufige Bernoulli-Kette mit Erfolgswahrscheinlichkeit p. Falls für die Standardabweichung $\sigma = \sqrt{n \cdot p \cdot q}$ gilt, dass $\sigma > 3$, dann können mithilfe des Erwartungswerts $\mu = n \cdot p$ und der Standardabweichung σ u. a. folgende Wahrscheinlichkeitsaussagen gemacht werden:

$P(0{,}67\sigma - \text{Umgebung von } \mu) \approx 50\,\%$ $P(1{,}28\sigma - \text{Umgebung von } \mu) \approx 80\,\%$

$P(1{,}64\sigma - \text{Umgebung von } \mu) \approx 90\,\%$ $P(1{,}96\sigma - \text{Umgebung von } \mu) \approx 95\,\%$

$P(2{,}33\sigma - \text{Umgebung von } \mu) \approx 98\,\%$ $P(2{,}58\sigma - \text{Umgebung von } \mu) \approx 99\,\%$

2 Schluss von der Gesamtheit auf die Stichprobe

2.1 Anwendung der Sigma-Regeln

Anhand einiger Beispiele soll nun gezeigt werden, wie mithilfe dieser Sigma-Regeln Prognosen für Zufallsversuche möglich sind.

Schluss von der Gesamtheit auf die Stichprobe Kennt man die einem Zufallsversuch zugrunde liegende Erfolgswahrscheinlichkeit p, beispielsweise in Form eines Anteils in einer Gesamtheit, dann lassen sich für bevorstehende Stichproben vom Umfang n Aussagen darüber machen, in welchen Umgebungen des Erwartungswerts $\mu = n \cdot p$ die Ergebnisse mit großer Wahrscheinlichkeit liegen werden.

Diese Prognosen bezeichnet man als **Schluss von der Gesamtheit auf die Stichprobe.**

Sofern die Laplace-Bedingung erfüllt ist, können für die Bestimmung von Bereichen die Sigma-Regeln angewandt werden.

Beispiel: Münzwurf

Eine Münze soll 120-mal geworfen werden. Das Auftreten von *Wappen* werde als Erfolg angesehen. Gegeben sind also: $n = 120$, $p = \frac{1}{2}$, $\mu = 120 \cdot \frac{1}{2} = 60$, $\sigma = \sqrt{120 \cdot \frac{1}{2} \cdot \frac{1}{2}} \approx 5{,}48$.

Die 95 %-Umgebung um den Erwartungswert μ ist durch $1{,}96\sigma \approx 10{,}74$ gegeben.

Die Anzahl der Wappen wird demnach mit einer Wahrscheinlichkeit von ca. 95 % im Bereich zwischen 50 und 70 (einschl.) liegen.

H. K. Strick, *Einführung in die Beurteilende Statistik*, essentials,
https://doi.org/10.1007/978-3-658-21855-3_2

Hinweis: Die Wahrscheinlichkeit für den mithilfe einer σ-Regel näherungsweise bestimmten Bereich beträgt tatsächlich ca. 94,5 %, liegt also etwas unter der vorgegebenen *Sicherheitswahrscheinlichkeit* von 95 %. Will man eine Wahrscheinlichkeit von *mindestens* 95 % einhalten, dann muss man den Bereich auf $\{49, 50, \ldots, 71\}$ erweitern.

Beispiel: Roulette

Bei einem Roulette-Spiel soll während der nächsten 74 Runden beobachtet werden, wie oft die Kugel auf einem roten Sektor stehen bleibt. Gegeben sind also: $n = 74$, $p = \frac{18}{37}$, $\mu = 74 \cdot \frac{18}{37} = 36$, $\sigma = \sqrt{74 \cdot \frac{18}{37} \cdot \frac{19}{37}} \approx 4{,}30$.

Die 90 %-Umgebung um den Erwartungswert μ ist durch $1{,}64\sigma \approx 7{,}05$ gegeben.

In den kommenden 74 Runden wird demnach das Ereignis *rouge* mit einer Wahrscheinlichkeit von ca. 90 % mindestens 29-mal und höchstens 43-mal eintreten.

Hinweis: Die Wahrscheinlichkeit für den Bereich beträgt tatsächlich ca. 92,0 %. Für den kleineren Bereich zwischen 30 und 42 (einschl.) gilt jedoch nur eine Wahrscheinlichkeit von 87,0 %.

Beispiel: Mädchen-Geburten

Im Jahr 2015 wurden in Deutschland insgesamt 737.575 Kinder geboren, davon 359.097 Mädchen, d. h., der Anteil der Mädchengeburten betrug ungefähr 48,7 %. Dieser Anteil der Mädchengeburten an allen Geburten (=Anteil an der Gesamtheit) kann als brauchbarer Schätzwert für die *Wahrscheinlichkeit p einer Mädchengeburt* angesehen werden.

- Welche Prognose über die Anzahl der Mädchengeburten kann man für einen Monat machen, in dem es insgesamt 60.000 Geburten geben wird?

Gegeben sind also: $n = 60.000$, $p = 0{,}487$, $\mu = 60.000 \cdot 0{,}487 \approx 29.200$, $\sigma = \sqrt{60.000 \cdot 0{,}487 \cdot 0{,}513} \approx 122{,}4$.

Die 98 %-Umgebung um den Erwartungswert ist durch $2{,}33\sigma \approx 285$ gegeben.

Mit einer Wahrscheinlichkeit von ca. 98 % werden in dem betreffenden Monat unter den 60.000 Neugeborenen zwischen 28.915 und 29.485 Mädchen sein.

Folgerung: Wegen der Symmetrie der Binomialverteilung gilt: Die Wahrscheinlichkeit, dass weniger als 28.915 Mädchen geboren werden oder dass es mehr als 29.485 Mädchen sein werden, beträgt jeweils nur ca. 1 %.

Hinweis: Die Wahrscheinlichkeit für den o. a. Bereich beträgt tatsächlich auf eine Dezimalstelle gerundet 98,0 %.

Beispiel: Meinungsforschung

Die Wahlbeteiligung bei der Bundestagswahl 2017 betrug 76,2 % (=Anteil in der Gesamtheit aller Wahlberechtigten). Durch eine Befragung von 1000 repräsentativ ausgewählten Wahlberechtigten (Stichprobe) soll überprüft werden, inwieweit Personen, die sich *nicht* an der Wahl beteiligt haben, dies auch zugeben.

Wenn alle Nichtwähler wahrheitsgetreu antworten würden, wäre dies eine 1000-stufige Bernoulli-Kette mit $p = 1 - 0{,}762 = 0{,}238$.

- Welche Prognose kann hier abgegeben werden?

Gegeben sind also:

$n = 1000$, $p = 0{,}238$, $\mu = 1000 \cdot 0{,}238 \approx 238$,
$\sigma = \sqrt{1000 \cdot 0{,}238 \cdot 0{,}762} \approx 13{,}5$, also $1{,}96 \cdot \sigma \approx 26{,}4$.

Die 95 %-Umgebung um den Erwartungswert μ umfasst also den Bereich zwischen 212 und 264 (einschl.).

Wenn alle Befragten wahrheitsgetreu antworten, müsste das Ergebnis der Befragung mit einer Wahrscheinlichkeit von ca. 95 % in diesem Bereich liegen, und nur mit einer Wahrscheinlichkeit von insgesamt 5 % kann es zu größeren Abweichungen von μ kommen.

Hinweis: Die Wahrscheinlichkeit für die o. a. Umgebung beträgt tatsächlich ca. 95,1 %.

95 %-Trichter um die Erfolgswahrscheinlichkeit *p*

In den bisher betrachteten Beispielen wurden symmetrische Bereiche um den Erwartungswert μ bestimmt, in denen die zu erwartenden absoluten Häufigkeiten in einer Stichprobe mit großer Wahrscheinlichkeit liegen werden. Solche Prognosen kann man auch als relative Häufigkeiten angeben.

Wenn z. B. im letzten Beispiel für die Stichprobe vom Umfang $n = 1000$ die 95 %-Umgebung $\{212, 213, \ldots, 264\}$ mit absoluten Häufigkeiten angegeben wird, dann kann man diese Prognose auch so formulieren:

- Mit einer Wahrscheinlichkeit von ca. 95 % wird der Anteil (= die relative Häufigkeit) der Nichtwähler in der Stichprobe vom Umfang $n = 1000$ zwischen 21,2 % und 26,4 % liegen.

Diese Anteile erhält man, indem man die Intervallgrenzen 212 bzw. 264 durch den Stichprobenumfang (hier: $n = 1000$) dividiert.

Den Zusammenhang zwischen den 95 %-Prognosen und der Entwicklung der relativen Häufigkeiten kann man veranschaulichen.

In der folgenden Grafik ist die Entwicklung der relativen Häufigkeiten von *Wappen* bei einem 500-fachen Münzwurf dargestellt. In diesem Zufallsversuch lag die relative Häufigkeit für *Wappen* nach 100 Würfen ungefähr bei 60 %, nach 200 Würfen bei 55 %, nach 250 Würfen bei 50 % usw.

In der Grafik ist der Bereich außerhalb der 95 %-Umgebungen grau gefärbt. Hierdurch wird deutlich, wie sich die Genauigkeit der 95 %-Prognosen verbessert, wenn man den Stichprobenumfang vergrößert.

Die Grafik mit dem sog. **95 %-Trichter** kann auch zur Veranschaulichung des Gesetzes der großen Zahlen herangezogen werden: Mit zunehmendem Stichprobenumfang wird der Bereich immer kleiner, in dem die relativen Häufigkeiten mit großer Wahrscheinlichkeit liegen.

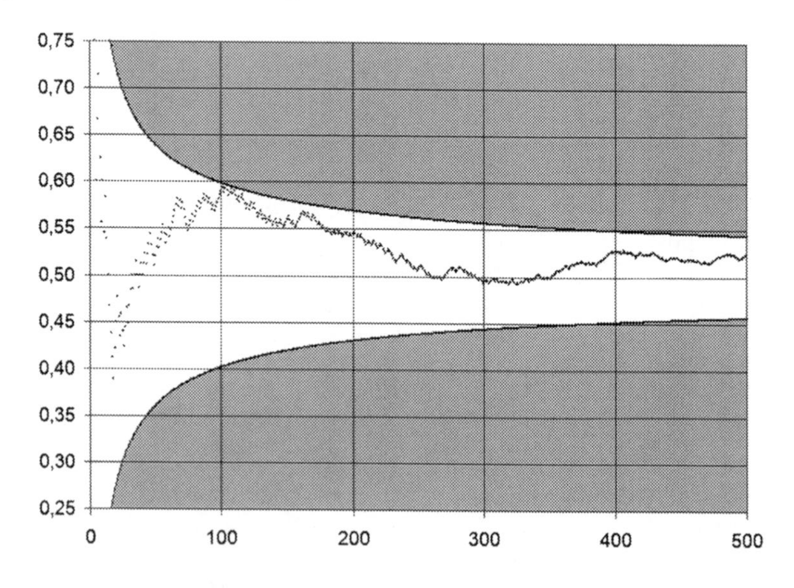

Beispiel: Wahltagsbefragung

Wenn am Tag einer Wahl um 18.00 Uhr die Wahllokale schließen, veröffentlichen die großen Fernsehsender erste Hochrechnungen für das Wahlergebnis. Dabei stützen sie sich auf Befragungsergebnisse des Wahltags, sog. *Exit-Polls,* d. h., zufällig ausgewählte Wahlberechtigte in repräsentativ ausgewählten

Stimmbezirken werden beim Verlassen der Wahllokalen u. a. danach gefragt, welche Partei sie gewählt haben.

Die Ergebnisse dieser Befragungen werden von den Meinungsforschungsinstituten noch bearbeitet (um die Briefwähler zu berücksichtigen) und dann um 18.00 Uhr als erste Hochrechnung bekannt gegeben. Für die folgenden Überlegungen sollen diese Daten vereinfachend als Ergebnisse eines Zufallsversuchs angesehen werden.

Nachdem später das amtliche Endergebnis bekannt gegeben wird, also der *Anteil in der Gesamtheit* bekannt ist, kann man rückblickend eine Prognose für die Wahltags-Stichproben abgeben und so die Qualität der 18.00 Uhr-Hochrechnungen überprüfen.

Die folgende Tabelle enthält die Ergebnisse der Bundestagswahl 2017 in Deutschland sowie die 18.00 Uhr-Hochrechnungen von *Infratest-dimap* auf der Grundlage von $n = 91.088$ befragten Wählerinnen und Wählern.

Partei	CDU/CSU	SPD	AfD	FDP	Linke	Grüne
amtliches Endergebnis	32,9 %	20,5 %	12,6 %	10,7 %	9,2 %	8,9 %
18.00 Uhr-Prognose	32,5 %	20,0 %	13,5 %	10,5 %	9,0 %	9,5 %

Beispiel: Wähler/innen der *CDU/CSU*

Aus dem tatsächlichen Anteil $p = 0{,}329$ an der Gesamtheit der Wählerschaft ergibt sich für die Stichprobe vom Umfang $n = 91.088$: $\mu = 91.088 \cdot 0{,}329 \approx 29.970$, $\sigma = \sqrt{91.088 \cdot 0{,}329 \cdot 0{,}671} \approx 141{,}8$, also $1{,}96 \cdot \sigma \approx 278$.

Die 95 %-Umgebung von μ umfasst also den Bereich $\{29.692, \ldots, 30.248\}$.

Dividiert man die Eckwerte dieses Bereichs durch den Stichprobenumfang $n = 91.088$, dann ergibt sich ein Intervall mit relativen Häufigkeiten: [32,6 %; 33,2 %]. Der für die *CDU/CSU* angegebene Stichprobenwert von 32,5 % liegt etwas außerhalb der 95 %-Umgebung.

Man überprüfe selbst, dass insbesondere die 18.00 Uhr-Prognosen der *AfD* und der *Grünen* allzu sehr von den zugrunde liegenden p-Werten $p = 0{,}126$ bzw. $p = 0{,}089$ abweichen.

2.2 Interpretation signifikant abweichender Ergebnisse

Liegt das Ergebnis eines Zufallsversuchs innerhalb des berechneten Bereichs, dann bezeichnet man es als *verträglich mit der Erfolgswahrscheinlichkeit p*, die man bei der Berechnung des Intervalls zugrunde gelegt hat.

Wenn bei einem Zufallsversuch ein Ergebnis auftritt, das *außerhalb* des Prognose-Intervalls liegt, dann ist dies durchaus möglich, aber es kommt nur selten vor.

Man kann ein solches Ergebnis außerhalb des Prognose-Bereich als *ungewöhnlich* bezeichnen, um damit auszudrücken, dass man ein solches Ergebnis nicht unbedingt erwartet hat.

Üblich ist es, Ergebnisse, die mehr als $1{,}96\sigma$ vom Erwartungswert μ abweichen, als **signifikant abweichend von** μ zu bezeichnen und solche, die sich von μ um mehr als $2{,}58\sigma$ unterscheiden, als **hochsignifikant abweichend.**

Dass man für die Zuordnung der beiden Begriffe die Sicherheits-Wahrscheinlichkeiten von 95 % bzw. 99 % ausgewählt hat, war willkürlich; auch andere Zuordnungen wären denkbar gewesen.

Die Bezeichnungen *signifikant* und *hochsignifikant* werden oft falsch gedeutet. Viele sind beispielsweise bei einem Glücksspiel der Überzeugung, dass ein solches Ergebnis bestätigt, dass bei dem betrachteten Zufallsversuch nicht alles mit rechten Dingen ablaufen ist. Tatsächlich aber besagt die Bezeichnung nur, dass solche Ergebnisse selten auftreten, wenn dem Versuch die angegebene Erfolgswahrscheinlichkeit zugrunde liegt.

Man beachte aber auch hier, was die *Häufigkeitsinterpretation der Wahrscheinlichkeit* aussagt. Betrachten Sie dazu die nächsten Beispiele.

Beispiel: Würfeln

Ein gewöhnlicher Würfel soll 300-mal geworfen. Es soll gezählt werden, wie oft Augenzahl 6 auftritt.

Mit $n = 300$, $p = \frac{1}{6}$, $\mu = 300 \cdot \frac{1}{6} = 50$, $\sigma = \sqrt{300 \cdot \frac{1}{6} \cdot \frac{5}{6}} \approx 6{,}45$ ergibt sich $1{,}96 \cdot \sigma \approx 12{,}7$.

Prognose: Mit einer Wahrscheinlichkeit von ca. 95 % wird die Anzahl der Sechsen im Bereich zwischen 38 und 62 liegen.

Wendet man die Häufigkeitsinterpretation der Wahrscheinlichkeit auf die Sicherheits-Wahrscheinlichkeit von 95 % an, dann bedeutet dies:

Wenn 20 Personen jeweils den 300-fachen Würfelversuch durchführen, dann kommt es in etwa 5 % der Fälle (also bei *durchschnittlich* einer von diesen 20 Personen) zu einem Ergebnis, das signifikant von μ abweicht. Wenn dieser Fall eintritt, dann entspricht dies aber genau der Prognose auf dem 95 %-Niveau!

Ein als *signifikant abweichend* bezeichnetes Ergebnis *kann* ein Hinweis für eine Unregelmäßigkeit sein, aber wenn dies nur bei einem von 20 Versuchsreihen vorkommt, ist dies völlig „normal“.

Im Prinzip könnte also jemand hingehen und eine Versuchsreihe so oft wiederholen, bis ein signifikant abweichendes Ergebnis gefunden wird, und dann verkünden: Hier stimmt etwas nicht! Die Abweichung vom Erwartungswert ist signifikant!

Dass diese Gefahr nicht nur theoretisch besteht, sondern tatsächlich ein Problem in der wissenschaftlichen Literatur darstellt, belegen zahlreiche Fälle von Veröffentlichungen mit signifikanten Ergebnissen, die aber dann nicht reproduzierbar waren, d. h., bei der Wiederholung der Experimente ergaben sich Ergebnisse, die keineswegs so aufsehenerregend waren wie in dem Experiment, über das in der Publikation berichtet worden war.

Beispiel: Ziehungshäufigkeit der Lottozahlen

Die Wahrscheinlichkeit, dass eine bestimmte Zahl als Gewinnzahl in einer Ziehung des Lottospiels *6 aus 49* gezogen wird, beträgt $\frac{6}{49}$ (denn die Chancen, dass die Kugel mit dieser bestimmten Nummer gezogen wird, stehen 6 zu 49).

Eine Prognose für die Ziehungshäufigkeit dieser Zahl in $n = 5548$ Ziehungen ergibt sich dann wie folgt:

Mit $p = \frac{6}{49}$, $\mu = 5548 \cdot \frac{6}{49} \approx 679{,}3$, $\sigma = \sqrt{5548 \cdot \frac{6}{49} \cdot \frac{43}{49}} \approx 24{,}4$, $1{,}64 \cdot \sigma \approx 40{,}0$ gilt:

Prognose: Mit einer Wahrscheinlichkeit von ca. 90 % wird die Anzahl der Ziehungen der betrachteten Zahl zwischen 639 und 719 (einschl.) liegen, also mit einer Wahrscheinlichkeit von ca. 10 % außerhalb des Bereichs.

Da die Prognosen für jede der 49 Zahlen gelten, ist also im Sinne der Häufigkeitsinterpretation zu erwarten, dass etwa 10 % der 49 Zahlen (d. h. also ca. fünf) eine Ziehungshäufigkeit haben, die außerhalb des berechneten Bereichs liegt. Tatsächlich ergab sich in den 5548 Ziehungsveranstaltungen des Lottospiels *6 aus 49* bis Ende 2016, dass die Ziehungshäufigkeiten von sechs der 49 Zahlen außerhalb des Bereichs lagen, also eine Zahl mehr als gemäß der Häufigkeitsinterpretation zu erwarten gewesen wäre.

Beispiel: Sensationsmeldung bei Mädchen- und Jungen-Geburten

Regelmäßig findet man in den Medien Meldungen wie „Unerklärliche Häufung von Mädchengeburten (Jungengeburten) in ...“. Auch wenn dann die Bemerkung folgt, dass Wissenschaftler „vor einem Rätsel“ stehen, sollte man nicht unbedingt auf eine Sensation hoffen. Vermutlich hat *nur* jemand ein signifikant abweichendes Ergebnis gefunden …

In Tab. 2.1 ist festgehalten, wie groß die Abweichung der Anzahl der Jungengeburten in den 16 Bundesländern von den jeweiligen Erwartungswerten in einem Zeitraum von 20 Jahren war (jeweils in Vielfachen der Standardabweichung σ). Unter den 320 Daten findet man (zufällig genau) 16 signifikante Abweichungen – was zu erwarten war.

Oder gab es im Rückblick auf 2015 vielleicht doch die folgende Meldung? „Sensationell viele Mädchengeburten in Baden-Württemberg – Statistiker sagen: Die Daten sind hochsignifikant!"

Lesehilfe zu Tab. 2.1:

–0,23 bedeutet: Die Anzahl der Jungengeburten in Baden-Württemberg im Jahr 1996 weicht um $0{,}23\sigma$ *nach unten* vom erwarteten Wert ab.

0,46 bedeutet: Die Anzahl der Jungengeburten in Bayern im Jahr 1996 weicht um $0{,}46\sigma$ *nach oben* vom erwarteten Wert ab.

Statt der Vielfachen der Standardabweichung σ hätte man in der Tabelle auch den sog. *p-Wert* angeben können, das ist die Wahrscheinlichkeit dafür, dass *ein solches Ergebnis oder ein noch extremeres* zufällig auftritt. Zum Tabellenwert 2,37 (vgl. die 2015er-Spalte) beispielsweise gehört der p-Wert 0,0089, denn 0,89 % der Ergebnisse eines binomialverteilten Zufallsversuchs weichen vom Erwartungswert nach oben um mehr als $2{,}37\sigma$ ab.

Hinweis: In der statistischen Fachliteratur wird das zweifelhafte Vorgehen von Wissenschaftlern, die um jeden Preis nach signifikanten Daten suchen, als *P-Hacking* bezeichnet.

Tab. 2.1 Abweichungen der Erwartungswerte der Jungengeburten in Vielfachen von sigma

	1996	1997	1998	1999	2000	2001	2002	2003	2004	2005	2006	2007	2008	2009	2010	2011	2012	2013	2014	2015
BW	-0,23	-0,30	0,11	1,69	-0,32	0,19	1,68	2,92	0,81	-0,51	-1,18	-2,00	-0,77	-0,98	0,83	-0,90	-0,35	0,77	1,30	-2,98
BY	0,46	-0,76	0,64	1,97	-1,48	1,16	-1,02	-1,03	-2,11	0,65	0,06	-1,61	0,70	0,64	-0,86	1,91	1,29	-1,69	1,39	-0,91
BE	-0,45	1,20	-0,16	-1,61	-0,30	-0,96	0,04	0,08	1,12	0,92	-1,42	1,36	1,26	-0,86	-0,15	0,96	1,11	0,80	-1,58	1,02
BB	1,12	-0,63	0,57	-1,09	0,04	-0,30	1,16	0,80	-0,77	-0,92	0,98	-0,04	-1,18	0,34	1,79	-1,25	-0,97	-0,22	0,49	1,34
HB	1,70	0,21	-0,15	-1,11	0,19	-0,41	1,01	-0,68	0,60	2,12	1,96	-0,20	-0,80	0,67	0,17	0,99	-0,52	0,14	1,45	0,02
HH	1,16	0,03	-1,63	-0,29	0,62	-0,53	-0,31	0,88	0,07	-1,03	1,16	0,66	-0,06	0,75	0,34	-0,32	1,64	-1,13	-1,39	-0,39
HS	0,13	0,19	0,04	-0,10	-0,40	0,86	0,45	-1,23	-0,30	-0,51	-1,76	0,56	-0,03	0,43	-0,96	-0,34	0,55	-1,21	-1,84	0,97
MV	0,63	1,44	-1,31	-0,12	-0,09	-0,40	0,24	-1,03	-0,50	-1,69	-0,47	-0,14	-1,35	-2,09	-0,49	0,21	-0,60	-0,26	-0,67	-1,09
NI	0,88	-1,66	0,41	0,33	1,47	-1,59	-1,00	-0,83	-1,43	-0,63	0,58	1,01	-0,41	1,19	1,07	0,07	0,12	-0,56	1,58	1,82
NW	-1,27	0,68	0,87	-1,37	1,03	0,05	0,50	0,93	0,40	2,12	-1,07	-0,42	0,68	-0,96	0,94	-0,75	-0,98	1,51	-0,18	0,43
RP	1,60	-0,12	-0,98	-0,98	-0,91	1,27	-0,48	0,35	2,22	-0,01	0,90	0,95	0,07	0,28	0,19	-0,21	0,17	-0,40	-0,43	-0,22
SL	-0,91	-0,84	-0,03	-2,21	0,38	0,21	0,24	0,15	0,94	0,05	2,23	-0,33	1,13	-0,65	-1,57	1,01	-0,49	0,96	-0,09	2,37
SN	-1,11	-0,88	-0,30	-0,24	0,10	0,74	-2,02	-2,27	-0,36	-0,80	0,02	0,33	0,20	1,25	-0,57	0,35	-0,53	2,09	-1,00	0,74
ST	0,36	1,94	-0,28	1,19	1,68	0,33	1,03	0,43	1,78	-2,00	2,10	0,15	0,11	0,87	-0,90	0,34	-1,03	-1,12	0,92	-1,44
SH	-0,87	1,81	0,02	-0,28	-1,13	-1,50	-0,58	0,23	0,73	-0,42	0,87	1,31	-0,94	0,79	-0,83	-1,00	0,60	-0,30	-1,41	0,17
TH	-1,48	-0,72	-1,26	1,14	-0,67	-0,70	-0,52	-2,00	-0,83	-0,07	0,95	1,54	-0,05	-1,51	-1,17	-0,60	-0,97	0,07	-0,13	0,23

Testen von Hypothesen 3

Nach diesen Klarstellungen hinsichtlich der Bedeutung der Begriffe *signifikant* und *hochsignifikant* sind wir darauf vorbereitet, uns mit der Vorgehensweise des *Testens von Hypothesen* zu beschäftigen.

Hypothesentests sind *Entscheidungsverfahren* über die einer Bernoulli-Kette zugrunde liegende Erfolgswahrscheinlichkeit p, bei denen rein *schematisch* vorgegangen wird. Bei Binomialverteilungen kann man drei Typen von Hypothesentests unterscheiden: zweiseitige Hypothesentests, Alternativtests und einseitige Hypothesentests.

3.1 Der zweiseitige Test

Mithilfe des zweiseitigen Tests will man überprüfen, ob einer Bernoulli-Kette eine bestimmte Erfolgswahrscheinlichkeit p zugrunde liegt oder nicht. Dazu macht man eine Prognose für einen geplanten Zufallsversuch, d. h., man bestimmt einen Bereich, in dem das Versuchsergebnis mit der vorgegebenen (festgelegten) Sicherheitswahrscheinlichkeit voraussichtlich liegen wird.

Dieser Bereich wird beim *Testen von Hypothesen* als **Annahmebereich der Hypothese über** p bezeichnet und der Bereich außerhalb als **Verwerfungsbereich der Hypothese.**

Hinweis: Der Begriff „Annahmebereich" im deutschen Sprachraum ist unglücklich gewählt; günstiger wäre beispielsweise der Begriff *Nicht-Verwerfungsbereich.* Denn wenn ein Stichprobenergebnis im Annahmebereich liegt, bedeutet dies nicht, dass damit die Richtigkeit der Hypothese bestätigt ist, sondern nur, dass man sich nicht veranlasst sieht, daran zu zweifeln, dass dem Zufallsversuch die Erfolgswahrscheinlichkeit p zugrunde liegt.

H. K. Strick, *Einführung in die Beurteilende Statistik*, essentials,
https://doi.org/10.1007/978-3-658-21855-3_3

Vorgehensweise beim Testen einer Hypothese Um entscheiden zu können, ob einem Zufallsversuch eine bestimmte Erfolgswahrscheinlichkeit zugrunde liegt, macht man eine Prognose für den Bereich, in dem das Ergebnis eines Zufallsversuchs mit großer Wahrscheinlichkeit liegen wird, führt diesen Versuch durch und bestimmt die Anzahl der Erfolge. Dann entscheidet man aufgrund dieses Stichprobenergebnisses schematisch wie folgt:

- Liegt das Ergebnis *außerhalb* des Bereichs, in dem es gemäß der Prognose liegen soll, also im Verwerfungsbereich der Hypothese, dann hält man den Ansatz über die Erfolgswahrscheinlichkeit p für falsch. Man sagt: *Die Hypothese über p wird verworfen.*
- Liegt das Ergebnis *innerhalb* des Bereichs, in dem es gemäß der Prognose liegen soll, also im Annahmebereich der Hypothese, dann stellt man fest, dass das Ergebnis mit dem Ansatz über die Erfolgswahrscheinlichkeit p verträglich ist. Man sagt: *Die Hypothese über p kann nicht verworfen werden.*

Die Entscheidung über die Hypothese p erfolgt also *schematisch* gemäß einer sog. **Entscheidungsregel.**

Beispielsweise ergibt sich für eine Sicherheitswahrscheinlichkeit von (mindestens) 95 % allgemein die folgende Regel:

Verwirf die Hypothese über p, wenn sich das Stichprobenergebnis um mehr als 1,96σ vom Erwartungswert μ unterscheidet.

Zum besseren Verständnis betrachten wir als erstes ein Beispiel, das wir bereits in Abschn. 2.1 untersucht hatten – jetzt aber unter einem etwas anderen Gesichtspunkt.

Beispiel: Münzwurf

Es soll geprüft werden, ob für eine gegebene Münze tatsächlich die Wahrscheinlichkeiten für *Wappen* und für *Zahl* gleich groß sind.

Hypothese: Die Wahrscheinlichkeit für das Ergebnis *Wappen* beträgt $\frac{1}{2}$.

Versuchsplanung: Für diesen Hypothesentest soll die Münze 120-mal geworfen werden.

Prognose: Mit $n = 120$ und $p = \frac{1}{2}$ ergibt sich: $\mu = 120 \cdot \frac{1}{2} = 60$, $\sigma = \sqrt{120 \cdot \frac{1}{2} \cdot \frac{1}{2}} \approx 5{,}48$ und $1{,}96\sigma \approx 10{,}7$.

Für eine Sicherheitswahrscheinlichkeit von 95 % ergibt sich *näherungsweise* die folgende symmetrische Umgebung um den Erwartungswert μ:

$\mu - 1{,}96\sigma \approx 49{,}3$ und $\mu + 1{,}96\sigma \approx 70{,}7$

Aus einer Kontrollrechnung ergibt sich, dass man die Intervallgrenzen nach außen runden muss, um *mindestens* eine Wahrscheinlichkeit von 95 % zu erreichen: Mit einer Wahrscheinlichkeit von mindestens 95 % wird die Anzahl der Wappen zwischen 49 und 71 (einschl.) liegen.

Entscheidungsregel: Verwirf die Hypothese $p = \frac{1}{2}$, falls bei der Versuchsdurchführung, hier also beim 120-fachen Werfen der Münze, weniger als 49-mal oder mehr als 71-mal Wappen auftritt.

Konsequenz:

- Falls die Anzahl der Wappen zwischen 49 und 71 (einschl.) liegt, sieht man sich nicht veranlasst, an der Richtigkeit der Hypothese zu zweifeln, d. h., man geht weiter davon aus, dass für das Werfen der gegebenen Münze tatsächlich die Wahrscheinlichkeit für Wappen gleich $\frac{1}{2}$ ist.
- Falls die Anzahl der Wappen kleiner ist als 49 *oder* größer ist als 71, dann zweifelt man an der Richtigkeit der Hypothese, d. h., man geht zukünftig davon aus, dass für das Werfen dieser Münze tatsächlich die Wahrscheinlichkeit für Wappen nicht gleich $\frac{1}{2}$ ist.

Beispiel: Linke und rechte Schuhe

Der niederländische Biologe Mardik Leopold hatte bei Untersuchungen festgestellt, dass an manchen Stränden mehr rechte Muschelhälften gefunden werden, an anderen mehr linke. Daher hatte er die Vermutung, dass dies an der unterschiedlichen Form der beiden Muschelhälften liegt (die beiden Hälften sind näherungsweise spiegelbildlich zueinander), und sie deshalb im Meer in verschiedene Richtungen getrieben werden.

Um diese Vermutung zu beweisen, ging er vom logischen Gegenteil seiner Vermutung aus, d. h., er formulierte als Hypothese:

- Die Muschelhälften werden im Meer rein *zufällig* in die eine oder andere Richtung getrieben.

Um seine Hypothese zu überprüfen, führte Mardik Leopold zwei Stichproben durch. Als Objekte wählte er allerdings keine Muschelhälften, sondern ein besonderes Strandgut, das er mit seinen Mitarbeitern auf der niederländischen Nordsee-Insel Texel und auf den schottischen Shetland-Inseln sammelte.

Das Ergebnis seiner Suche:

- Am Strand von Texel fand er insgesamt 107 angeschwemmte Schuhe, davon 68 linke.
- Am Strand der Shetland-Inseln fand er insgesamt 156 angeschwemmte Schuhe, davon 63 linke.

Wenn die Form der gleichartigen Objekte keine Rolle spielt, also die Schuhe rein zufällig in die eine oder andere Richtung getrieben werden, dann liegt der 107-stufigen bzw. der 156-stufigen Bernoulli-Kette jeweils die Erfolgswahrscheinlichkeit $p = \frac{1}{2}$ zugrunde.

- Stichprobe vom Umfang $n = 107$:

Bestimmung des *Annahmebereichs* der Hypothese $p = \frac{1}{2}$:

Hier gilt: $\mu = 107 \cdot \frac{1}{2} = 53{,}5$, $\sigma = \sqrt{107 \cdot \frac{1}{2} \cdot \frac{1}{2}} \approx 5{,}17$ und $1{,}96\sigma \approx 10{,}1$.

Prognose: Mit einer Wahrscheinlichkeit von ca. 95 % wird die Anzahl der linken Schuhe mindestens 43, höchstens 64 betragen. (Exakter Wert der Wahrscheinlichkeit für diesen Bereich: 96,7 %; der nächstkleinere symmetrische Bereich {44, 45, …, 63} hat nur die Wahrscheinlichkeit 94,7 %.)

Entscheidungsregel: Verwirf die Hypothese $p = \frac{1}{2}$, wenn in der Stichprobe weniger als 43 oder mehr als 64 linke Schuhe gefunden werden.

Da am Strand von Texel 68 linke Schuhe gefunden wurden, konnte Mardik Leopold die Hypothese $p = \frac{1}{2}$ verwerfen. Für ihn war das signifikant abweichende Stichprobenergebnis der *statistische Beweis* für die Bestätigung seiner Vermutung.

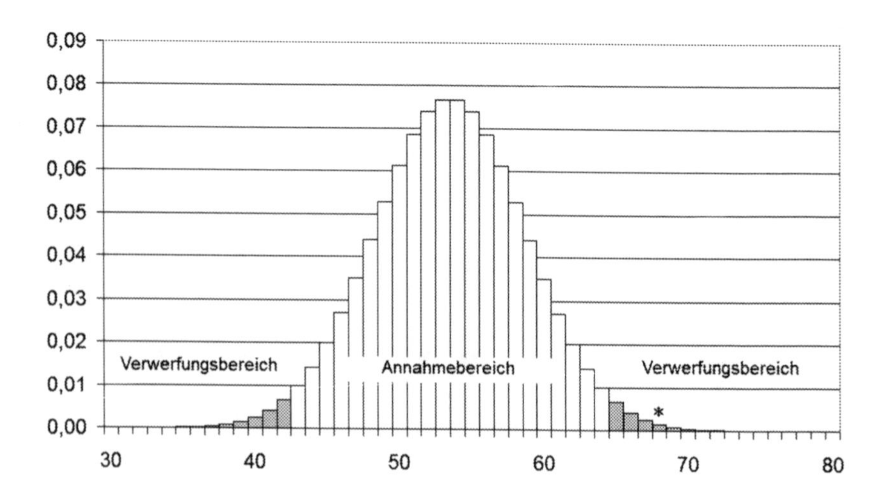

- Stichprobe vom Umfang $n = 156$:

Bestimmung des *Annahmebereichs* der Hypothese $p = \frac{1}{2}$:

Hier gilt: $\mu = 156 \cdot \frac{1}{2} = 78$, $\sigma = \sqrt{156 \cdot \frac{1}{2} \cdot \frac{1}{2}} \approx 6{,}24$ und $1{,}96\sigma \approx 12{,}2$. Mit einer Wahrscheinlichkeit von ca. 95 % wird die Anzahl der linken Schuhe mindestens 66, höchstens 90 betragen. (Exakter Wert der Wahrscheinlichkeit für das Intervall: 95,5 %; der nächstkleinere Bereich $\{67, 68, \ldots, 89\}$ hat nur die Wahrscheinlichkeit 93,4 %.)

Entscheidungsregel: Verwirf die Hypothese $p = \frac{1}{2}$, wenn in der Stichprobe weniger als 66 oder mehr als 90 linke Schuhe gefunden werden.

Da am Strand der Shetland-Inseln 63 linke Schuhe gefunden wurden, konnte Mardik Leopold auch aufgrund dieser Stichprobe die Hypothese $p = \frac{1}{2}$ verwerfen.

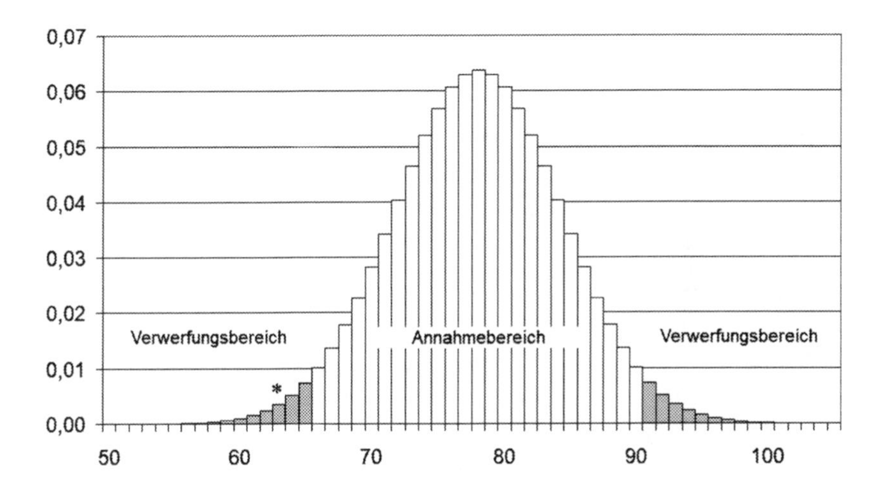

Schluss von der Gesamtheit auf die Stichprobe und Testen einer zweiseitigen Hypothese – Zusammenhang und Unterschied Während es beim *Schluss von der Gesamtheit auf die Stichprobe* nur darum geht, eine Prognose für einen Zufallsversuch abzugeben, um ggf. nach der Durchführung des Versuchs festzustellen, dass das Ergebnis mit der zugrunde liegenden Erfolgswahrscheinlichkeit *verträglich* ist oder *signifikant* vom Erwartungswert abweicht, ist das *Testen einer zweiseitigen Hypothese* ein schematisch durchgeführtes Entscheidungsverfahren, durch das beurteilt werden soll, ob eine zuvor formulierte Hypothese als *richtig* oder als *falsch* anzusehen ist.

Wenn man eine zweiseitige Hypothese aufgrund des Stichprobenergebnisses verwerfen kann, spricht man gelegentlich von einem *statistischen Beweis* – obwohl dies keinesfalls ein Beweis im strengen Sinne ist.

Fehler beim Testen einer zweiseitigen Hypothese
Die Entscheidungsregel ergibt sich aus der gewählten Sicherheitswahrscheinlichkeit, und diese beträgt üblicherweise 95 %. Das bedeutet aber: In 5 % der Fälle kommt es zufällig zu signifikanten Abweichungen, die schematisch zum Verwerfen der Hypothese führen, obwohl sie richtig ist. Man bezeichnet diesen möglichen, unvermeidbaren Fehler als **Fehler 1. Art.**

Grundsätzlich kommt es also bei der Sicherheitswahrscheinlichkeit von 95 % auf lange Sicht zu 5 % Fehlentscheidungen über tatsächlich wahre Hypothesen. Oft wird die Aussage *Die Wahrscheinlichkeit für den Fehler 1. Art beträgt 5 %* fälschlicherweise dahin gehend missverstanden, dass man die 5 % auf die aktuelle Entscheidung bezieht – aber diese ist entweder zu 100 % richtig oder zu 100 % falsch.

Das sog. **Signifikanzniveau** von 5 % (also die Komplementärwahrscheinlichkeit zur Sicherheitswahrscheinlichkeit von 95 %) beschreibt also nur die Tatsache, dass man beim Entscheidungsverfahren die grundsätzlich bestehende 5 %ige Fehlerquelle in Kauf nimmt.

Beim Testen von Hypothesen kann auch noch ein weiterer Fehler im Entscheidungsverfahren auftreten, der sog. **Fehler 2. Art:** Es könnte sein, dass die Hypothese falsch ist, man aber dieses nicht bemerkt, weil das Stichprobenergebnis verträglich mit der getesteten Erfolgswahrscheinlichkeit ist, also im Annahmebereich der Hypothese liegt. Man sieht sich nicht veranlasst, die Hypothese zu verwerfen, obwohl sie falsch ist.

Wie groß die Wahrscheinlichkeit für einen Fehler 2. Art ist, kann man nicht allgemein angeben. Nur wenn man die tatsächlich zugrunde liegende Erfolgswahrscheinlichkeit kennt, lässt sich diese Wahrscheinlichkeit bestimmen.

Beispiel: Münzwurf

Beim oben betrachteten Hypothesentest wurde als Entscheidungsregel aufgestellt: Verwirf die Hypothese $p = \frac{1}{2}$, falls beim 120-fachen Werfen der Münze, weniger als 49-mal oder mehr als 71-mal *Wappen* auftritt.

- Mit welcher Wahrscheinlichkeit unterläuft ein Fehler 2. Art, wenn die Wahrscheinlichkeit für *Wappen* bei der in diesem Zufallsversuch verwendeten Münze tatsächlich gleich 0,6 ist?

Ein Fehler 2. Art tritt auf, wenn das Stichprobenergebnis – trotz der Erfolgswahrscheinlichkeit 0,6 – im Annahmebereich der Hypothese $p = \frac{1}{2}$ liegt, also im Bereich zwischen 49 und 71 (einschl.).

Um hier die Wahrscheinlichkeit für einen Fehler 2. Art zu bestimmen, muss man also (mithilfe der Bernoulli-Formel, vgl. *Einführung in die Wahrscheinlichkeitsrechnung – Stochastik kompakt)* die Wahrscheinlichkeit $P_{p=0,6}(\{45, 50, \ldots, 71\})$ berechnen; man erhält hierfür ungefähr eine Wahrscheinlichkeit von 46,0 %.

Obwohl also die Wahrscheinlichkeit für *Wappen* deutlich von $p = \frac{1}{2}$ abweicht, würde man es bei Stichproben vom Umfang $n = 120$ in fast der Hälfte der Stichproben nicht bemerken, dass *diese* Münze *nicht* fair ist.

3.2 Der Alternativtest

Gelegentlich kommt es vor, dass man bei einem Zufallsversuch weiß, dass für die zugrunde liegende Erfolgswahrscheinlichkeit nur zwei mögliche Werte infrage kommen.

Beispiel: Mischung von Stoffen

Zwei ähnlich aussehende grobkörnige chemische Substanzen A und B werden vor dem Abfüllen in Behälter gemischt; bei Mischungstyp 1 beträgt das Mischungsverhältnis von A und B 60:40, bei Mischungstyp 2 beträgt das Verhältnis 75:25.

Bei einem versehentlich nicht beschrifteten Behälter soll aufgrund einer Stichprobe entschieden werden, welcher der beiden Mischungstypen vorliegt. Dazu müssen die herausgenommenen Körner einzeln untersucht werden.

Es geht hier im Hinblick auf die Substanz A, um die beiden alternativen Hypothesen $p_1 = 0,6$ und $p_2 = 0,75$, zwischen denen entschieden werden muss.

Bestimmen Sie eine Entscheidungsregel für den Fall, dass $n = 100$ Körner untersucht werden.

Die folgende Abbildung zeigt die Histogramme der Binomialverteilungen zu den beiden infrage kommenden Erfolgswahrscheinlichkeiten $p_1 = 0,6$ und $p_2 = 0,75$.

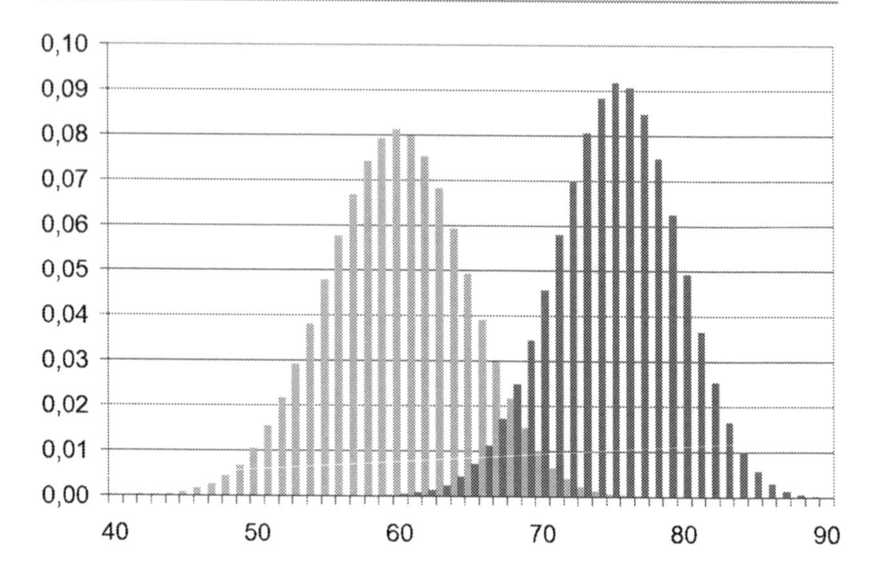

Beispiel

Für die Erwartungswerte gilt $\mu_1 = 100 \cdot 0{,}6 = 60$ und $\mu_2 = 100 \cdot 0{,}75 = 75$; das arithmetische Mittel der beiden Erwartungswerte ist 67,5.

Eine Entscheidungsregel könnte man dann mithilfe dieses sog. **kritischen Werts** $k = 67{,}5$ wie folgt formulieren:

- Findet man in der Stichprobe weniger als 67,5 Körner der Substanz A, dann geht man davon aus, dass es sich um Mischungstyp 1 handelt; findet man mehr als 67,5 Körner der Substanz A, dann um Mischungstyp 2.

Bei einer solchen Entscheidungsregel können die Wahrscheinlichkeiten für Fehler 1. und 2. Art bestimmt werden:

Geht man vom Ansatz (Hypothese) $p_1 = 0{,}6$ aus, dann kann es zufällig zu Ergebnissen kommen, die *oberhalb* des kritischen Werts $k = 67{,}5$ liegen. Man würde dann also fälschlicherweise davon ausgehen, dass im Behälter Mischungstyp 2 enthalten ist. Die Wahrscheinlichkeit für einen solchen Fehler 1. Art ist $P_{p=0{,}6}(\{68, 69, \ldots, 100\}) \approx 6{,}2\,\%$.

Andererseits kann es auch vorkommen, dass Ergebnisse *unterhalb* des kritischen Werts $k = 67{,}5$ liegen, obwohl es sich tatsächlich um Mischungstyp

2 handelt. Die Wahrscheinlichkeit für einen solchen Fehler 2. Art ist $P_{p=0{,}75}(\{0, 1, \ldots, 67\}) \approx 4{,}5\,\%$.

Überlegen Sie selbst: Wenn man vom Ansatz (Hypothese) $p_2 = 0{,}75$ ausgeht, dann ist die Wahrscheinlichkeit für einen Fehler 1. Art gleich 4,4 % und die Wahrscheinlichkeit für einen Fehler 2. Art gleich 6,2 %.

3.3 Einseitige Hypothesentests

Während es beim zweiseitigen Test zum Verwerfen einer Hypothese kommt, wenn das Stichprobenergebnis außerhalb einer (dem Signifikanzniveau entsprechenden) symmetrischen Umgebung um den Erwartungswert liegt, geht es bei einseitigen Tests nur die Frage, ob eine *ungewöhnlich große* Abweichung *nach oben* bzw. *nach unten* zu beobachten ist.

Dahinter stecken also Fragestellungen, bei denen die Veränderung des Anteils in der Gesamtheit in einer Richtung beurteilt werden soll.

Beginnen wir mit einem einfachen Beispiel, nämlich einem Zufallsversuch, der gewöhnlich als Laplace-Versuch gilt.

Beispiel: Würfeln

Bei einem Spiel mit einem Würfel kommt es darauf an, dass man möglichst große Augenzahlen wirft. Man hat den Verdacht, dass der Würfel, der vom Spielveranstalter zur Verfügung gestellt wird, zu selten die Augenzahl 6 zeigt.

Daher will man zählen, wie oft in den nächsten $n = 100$ Würfen die Augenzahl 6 fällt.

- Welche Entscheidungsregel ist dann sinnvoll? Die Wahrscheinlichkeit für einen Fehler 1. Art soll höchstens 5 % betragen.

Zur Erinnerung: Vor der Durchführung eines zweiseitigen Tests lag folgende Situation vor: Es gab die Vermutung, dass eine angegebene oder eine bisher geltende Erfolgswahrscheinlichkeit $p = p_0$ nicht mehr zutrifft, d. h., dass also in Wirklichkeit gilt: $p \neq p_0$. Wenn sich dann im Kontrollversuch zeigt, dass die Anzahl der Erfolge allzu sehr vom Erwartungswert abweicht, dann kann man die Hypothese $p = p_0$ verwerfen und zukünftig davon ausgehen, dass $p \neq p_0$ richtig ist.

Wenn man Zweifel an der Qualität des Spielwürfels hat und dabei konkret vermutet, dass nicht allgemein $p \neq \frac{1}{6}$ gilt, sondern konkret $p < \frac{1}{6}$, dann geht man wie folgt vor:

- Untersucht wird die Hypothese $p \geq \frac{1}{6}$ (also das logische Gegenteil der Vermutung $p < \frac{1}{6}$).
- Ziel ist dann, die Hypothese $p \geq \frac{1}{6}$ aufgrund eines *extrem nach unten* abweichenden Stichprobenergebnisses zu verwerfen. Wenn dies gelingt, hält man die Vermutung $p < \frac{1}{6}$ für *statistisch bewiesen*.

Die zu testende Hypothese $p \geq \frac{1}{6}$ setzt sich aus zwei Hypothesen zusammen:

- Könnte es sein, dass der Würfel ein Laplace-Würfel ist, also die Erfolgswahrscheinlichkeit für *Augenzahl 6* tatsächlich $p = \frac{1}{6}$ ist?
- Könnte es sein, dass bei dem zu untersuchenden Würfel Augenzahl 6 sogar mit einer Erfolgswahrscheinlichkeit auftritt, die größer ist als $\frac{1}{6}$?

Um einen Bereich zu bestimmen, der *unterhalb* des Erwartungswerts liegt und dem (nach Vorgabe des Signifikanzniveaus von 5 %) höchstens eine Wahrscheinlichkeit von 5 % zukommt, kann man wieder die Sigma-Regeln anwenden:

Man bestimmt nunmehr die 90 %-Umgebung von μ und nutzt die Symmetrie der Verteilung aus.

Für $p = \frac{1}{6}$ und $n = 100$ ergibt sich: $\mu = 100 \cdot \frac{1}{6} \approx 16{,}67$, $\sigma \sqrt{100 \cdot \frac{1}{6} \cdot \frac{5}{6}} \approx 3{,}73$ und $1{,}64\sigma \approx 6{,}11$. Die Wahrscheinlichkeit für die $1{,}64\sigma$-Umgebung von μ beträgt ungefähr 90 %, wegen der Symmetrie beträgt daher die Wahrscheinlichkeit für den Bereich unterhalb von $\mu - 1{,}64\sigma$ ungefähr 5 %.

Wegen $\mu - 1{,}64\sigma \approx 10{,}6$ berechnet man dann die genaue Wahrscheinlichkeit, dass die Anzahl der Sechsen zufällig höchstens 10 beträgt.

Es gilt: $P_{p=1/6}(\{0, 1, \ldots, 10\}) \approx 4{,}3\,\%$, d. h., Stichprobenergebnisse unterhalb von 11 treten zufällig nur mit einer Wahrscheinlichkeit von weniger als 5 % auf.

Die folgende Abbildung zeigt das Histogramm der Binomialverteilung für $p = \frac{1}{6}$ und $n = 100$; die zum Verwerfungsbereich $\{0, 1, \ldots, 10\}$ gehörenden Rechtecke sind grau gefärbt.

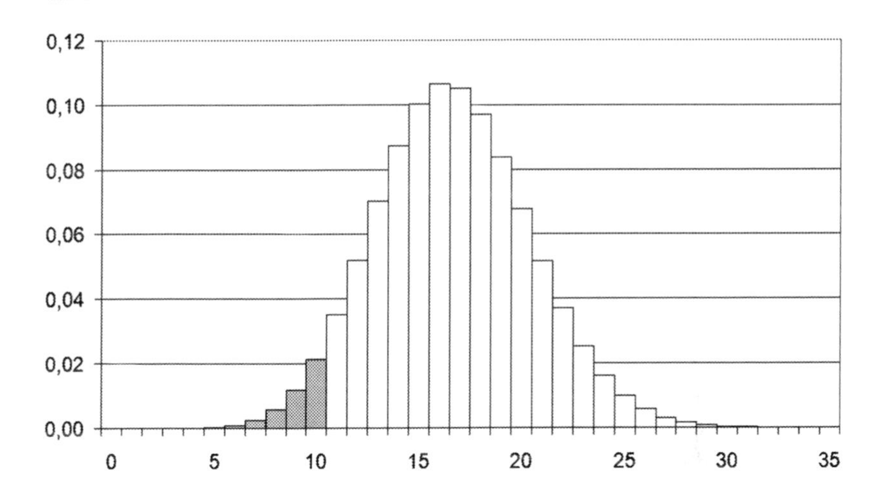

Beispiel

Könnte die Erfolgswahrscheinlichkeit sogar größer als $\frac{1}{6}$ sein?

An Beispielen machen wir uns klar, dass dann die Wahrscheinlichkeit für den Bereich $\{0, 1, \ldots, 10\}$ noch kleiner als 4,5 % wäre:

Für $p = 0{,}17$ und $n = 100$ ergibt sich: $P_{p=0{,}17}(\{0, 1, \ldots, 10\}) \approx 3{,}6\,\%$

Für $p = 0{,}18$ und $n = 100$ ergibt sich: $P_{p=0{,}18}(\{0, 1, \ldots, 10\}) \approx 2{,}0\,\%$

Für die zusammengesetzte Hypothese $p \geq \frac{1}{6}$ ergibt sich also der Bereich $\{0, 1, \ldots, 10\}$ als Verwerfungsbereich zum Signifikanzniveau 5 %, d. h., die Wahrscheinlichkeit für einen Fehler 1. Art ist damit *höchstens* 5 %. Die Entscheidungsregel lautet daher:

Verwirf die Hypothese $p \geq \frac{1}{6}$, wenn bei den nächsten 100 Würfen mit dem gegebenen Spielwürfel die Anzahl der Sechsen kleiner ist als 11.

Nach diesem einfachen, aber nur wenig anwendungsrelevanten Beispiel untersuchen wir nun eine Situation, bei der im Falle einer falschen Entscheidung mit erheblichen finanziellen Auswirkungen zu rechnen ist.

Beispiel: Befragung

Eine wichtige Voraussetzung für den Verkauf eines Konsumartikels ist u. a. der Bekanntheitsgrad des Produkts in der Bevölkerung. Um diesen auf einem gewissen Niveau zu halten, muss regelmäßig Werbung in den Medien geschaltet werden. Da dies mit Kosten verbunden ist, muss vor der Durchführung einer Kundenbefragung geklärt werden, ob sich der finanzielle Aufwand hierfür lohnt.

Angenommen, die Firmenleitung hat den Anspruch, dass mindestens 75 % der Erwachsenen das Produkt kennen sollten.

Zwei konträre Meinungen stehen einander gegenüber:

- Die Finanzabteilung steht auf dem Standpunkt: Der aktuelle Bekanntheitsgrad entspricht dem Anspruch der Firmenleitung, d. h., tatsächlich kennen mindestens 75 % der Erwachsenen das Produkt. Eine neue Werbeaktion ist daher überflüssig.
- Die Werbeabteilung steht auf dem Standpunkt: Der aktuelle Bekanntheitsgrad entspricht nicht dem Anspruch der Firmenleitung, d. h., tatsächlich kennen weniger als 75 % der Erwachsenen das Produkt. Eine neue Werbeaktion ist daher erforderlich.

Welche der beiden Hypothesen, also $p \geq 0{,}75$ (Standpunkt der Finanzabteilung) oder $p < 0{,}75$ (Standpunkt der Werbeabteilung) zutreffend ist, soll durch eine Erhebung unter $n = 400$ repräsentativ ausgewählten Personen ermittelt werden.

Aus den Standpunkten ergeben sich die beiden folgenden Entscheidungsregeln:

- Die Finanzabteilung ist nur dann bereit, von ihrem Standpunkt $p \geq 0{,}75$ abzugehen, wenn *extrem wenige* Personen in der Stichprobe angeben, dass sie das Produkt kennen.
- Die Werbeabteilung ist nur dann bereit, von ihrem Standpunkt $p < 0{,}75$ abzugehen, wenn *extrem viele* Personen in der Stichprobe angeben, dass sie das Produkt kennen.

Was *extrem wenige* bzw. *extrem viele* bedeutet, wird durch das Signifikanzniveau (maximale Wahrscheinlichkeit für einen Fehler 1. Art) festgelegt.

Bestimmung der 90 %-Umgebung von μ für $p = 0{,}75$ und $n = 400$:
$\mu = 400 \cdot 0{,}75 = 300$, $\sigma = \sqrt{400 \cdot 0{,}75 \cdot 0{,}25} \approx 8{,}66$ sowie $1{,}64\sigma \approx 14{,}2$.

Aus der Symmetrie der Binomialverteilung folgt, dass Ergebnisse unterhalb von $\mu - 1{,}64\sigma \approx 285{,}8$ bzw. oberhalb von $\mu + 1,64\sigma \approx 314,2$ jeweils eine Wahrscheinlichkeit von ca. 5 % haben. Genauere Werte für die Wahrscheinlichkeiten:

$P_{p=0{,}75}([0;\, 285]) \approx 4{,}9\,\%$ und $P_{p=0{,}75}([315;\, 400]) \approx 4{,}5\,\%$.

Für größere Anteile p ergibt sich $P_{p>0{,}75}([0;\, 285]) < 4{,}9\,\%$, für kleinere Anteile p entsprechend $P_{p<0{,}75}([315;\, 400]) < 4{,}5\,\%$.

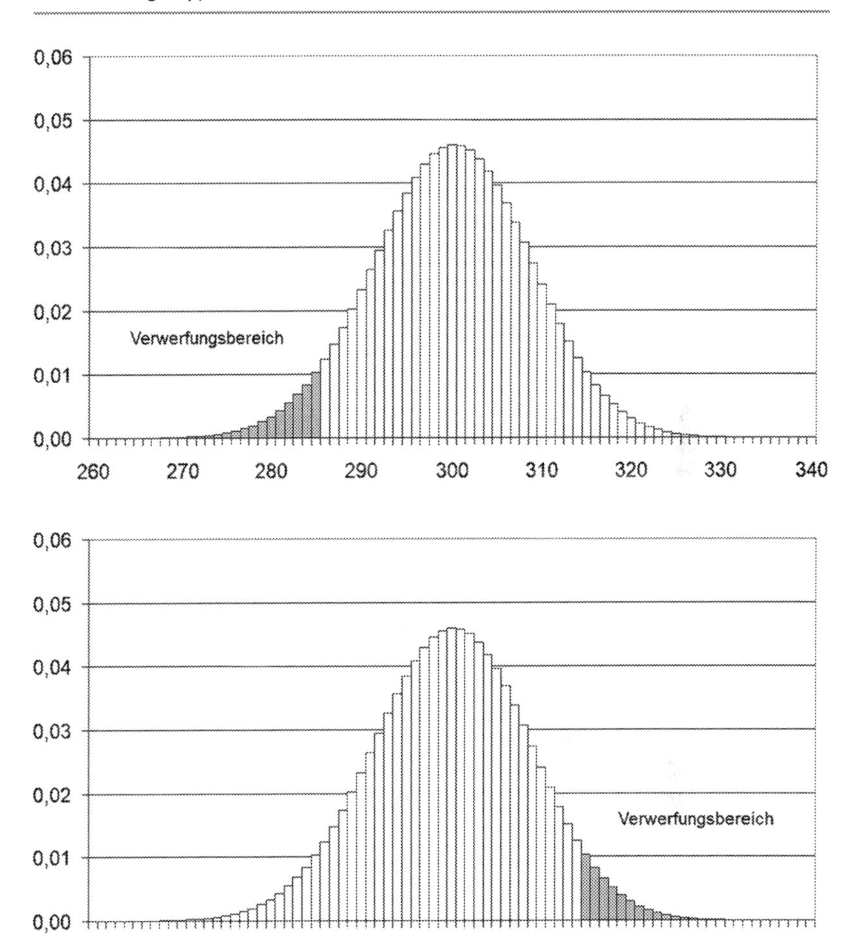

Somit lauten die beiden Entscheidungsregeln:

- *Verwirf die Hypothese* $p \geq 0{,}75$, *falls in der Stichprobe vom Umfang* $n = 400$ *weniger als 286 Personen angeben, dass sie das Produkt kennen.*
- *Verwirf die Hypothese* $p < 0{,}75$, *falls in der Stichprobe vom Umfang* $n = 400$ *mehr als 314 Personen angeben, dass sie das Produkt kennen.*
  Wenn das Ergebnis der Befragung im Bereich zwischen 286 und 314 (einschl.) liegt, kann keine der beiden Hypothesen verworfen werden.

Es ist wichtig, die möglichen Fehler und deren Konsequenzen zu bedenken:

Hypothese $p \geq 0{,}75$ – Standpunkt der Finanzabteilung

- Ein Fehler 1. Art liegt vor, wenn der Bekanntheitsgrad des Produkts in der Bevölkerung tatsächlich mindestens 75 % beträgt, in der Stichprobe zufällig aber weniger als 286 Personen angeben, das Produkt zu kennen.
  Konsequenz: Eine überflüssige Werbeaktion wird durchgeführt – deren Kosten hätte man sparen können.
- Ein Fehler 2. Art liegt vor, wenn der Bekanntheitsgrad des Produkts in der Bevölkerung tatsächlich kleiner als 75 % ist, in der Stichprobe zufällig aber mindestens 286 Personen angeben, das Produkt zu kennen.
  Konsequenz: Eine notwendige Werbeaktion unterbleibt, was die Marktsituation verschlechtern könnte.

Hypothese $p < 0{,}75$ – Standpunkt der Werbeabteilung

- Ein Fehler 1. Art liegt vor, wenn der Bekanntheitsgrad des Produkts in der Bevölkerung tatsächlich kleiner als 75 % ist, in der Stichprobe zufällig aber mindestens 314 Personen angeben, das Produkt zu kennen.
  Konsequenz: Eine notwendige Werbeaktion unterbleibt, was die Marktsituation verschlechtern könnte.
- Ein Fehler 2. Art liegt vor, wenn der Bekanntheitsgrad des Produkts in der Bevölkerung tatsächlich mindestens 75 % beträgt, in der Stichprobe zufällig aber weniger als 314 Personen angeben, das Produkt zu kennen.
  Konsequenz: Eine überflüssige Werbeaktion wird durchgeführt – deren Kosten hätte man sparen können.

Was bei der einen Hypothese ein Fehler 1. Art ist, ist bei der Gegenhypothese ein Fehler 2. Art, und umgekehrt.

Welchen Standpunkt die Firmenleitung einnehmen wird, ist nicht unmittelbar klar. Bei einer solchen Entscheidung muss beachtet werden, dass die Wahrscheinlichkeit für einen Fehler 1. Art *vor* der Durchführung der Stichprobe festgelegt wird, also die Wahrscheinlichkeit hierfür selbst festgelegt wird, während die Wahrscheinlichkeit für einen Fehler 2. Art unbekannt bleibt. Die Firmenleitung muss daher abwägen, welcher Fehler 1. Art den größeren Schaden anrichtet, weil die Wahrscheinlichkeit hierfür überschaubar ist.

Da die finanziellen Einbußen bei Verlust eines Marktanteils vermutlich größer sind als bei einer überflüssigen Werbeaktion, wird sich die Firmenleitung wohl für das Testen der Hypothese $p \geq 0{,}75$ entscheiden.

Auch in der folgenden Situation stehen zwei Meinungen einander konträr gegenüber. Hier erledigt sich aber die Frage, welchen Standpunkt wir als Betroffene einnehmen, von selbst.

Beispiel: Konsumenten- und Produzentenrisiko

Ein Arzneimittel-Hersteller wirbt damit, dass bzgl. einer bestimmten Krankheit ein neu entwickeltes Medikament eine höhere Heilungschance bietet als ein bisher angebotenes, bei dem in 60 % der Fälle den Patienten geholfen werden konnte. Ob dieses tatsächlich zutrifft, soll mithilfe eines Doppelblindversuchs untersucht werden (doppelblind = weder der Patient noch der Versuchsleiter wissen, welches von beiden Medikamenten gereicht wird). Der Einfachheit halber betrachten wir nur jeweils die Patienten, denen das neue Medikament gegeben wurde.

Auch hier stehen zwei Standpunkte einander gegenüber:

- Hersteller des Medikaments (Produzent): Das neue Produkt hat eine bessere Wirkung als das bisherige (Hypothese: $p > 0{,}6$). Von diesem Standpunkt gehen wir nur ab, wenn in der Stichprobe *extrem wenige* Personen geheilt werden.
- Empfänger des Medikaments (Konsument): Die Wirkung des neuen Medikaments ist höchstens so gut wie das bisherige (Hypothese: $p \leq 0{,}6$). Diesen Standpunkt geben wir nur dann auf, wenn in der Stichprobe *extrem viele* Personen geheilt werden.

Was *extrem wenig* bzw. *extrem viel* bedeutet, hängt von dem festzulegenden Signifikanzniveau ab.

Im Falle der Hypothese $p > 0{,}6$ tritt ein Fehler 1. Art auf, wenn in der Stichprobe zufällig *extrem wenige* Patienten geheilt werden und daher nicht erkannt wird, dass das neue Medikament tatsächlich besser ist als das bisher angebotene. Das wirkungsvollere Arzneimittel würde nicht eingeführt (Produzentenrisiko).

Im Falle der Hypothese $p \leq 0,6$ tritt ein Fehler 1. Art auf, wenn in der Stichprobe zufällig *extrem viele* Patienten geheilt werden und infolge dessen ein neues Medikament eingeführt wird, obwohl es nicht besser ist als das bisherige (Konsumentenrisiko).

4 Schluss von der Stichprobe auf die Gesamtheit

Im Rahmen der Einführung der Sigma-Regeln (Abschn. 2.1) wurde das Beispiel der Wahltagsbefragung untersucht, und die Ergebnisse der Stichprobe wurden rückwärts blickend aus der Sicht des endgültigen Wahlergebnisses betrachtet.

Man führt eine Stichprobe durch, um damit eine Information über einen Anteil p in der Gesamtheit zu erhalten. Da es sich bei der Stichprobe um einen Zufallsversuch handelt, weiß man, dass der Anteil in der Stichprobe nicht unbedingt mit dem Anteil in der Gesamtheit übereinstimmen muss. Gibt man z. B. eine Sicherheitswahrscheinlichkeit von 95 % vor, dann wird es in 95 % der Stichproben zu Ergebnissen kommen, die innerhalb der $1{,}96\sigma$-Umgebung des Erwartungswerts μ liegen, und in 5 % der Fälle zu signifikant abweichenden Ergebnissen.

> **Schluss von der Stichprobe auf die Gesamtheit – Konfidenzintervall für *p*** Beim Schluss von der Stichprobe auf die Gesamtheit nimmt man den günstigen Fall an, dass das vorliegende Ergebnis *verträglich ist* mit der zugrunde liegenden Erfolgswahrscheinlichkeit, und bestimmt alle hierfür infrage kommenden Anteile in der Gesamtheit, also alle Erfolgswahrscheinlichkeiten, die der Bernoulli-Kette zugrunde liegen können. Diese ergeben ein Intervall, das sog. **Konfidenzintervall für *p*** (auch als Vertrauensintervall bezeichnet).

Im Falle einer Sicherheitswahrscheinlichkeit von 95 % spricht man vom 95 %-Konfidenzintervall (ggf. entsprechend vom 90 %- oder 99 %-Konfidenzintervall).

Der Schluss von einem Versuchsergebnis „zurück" auf die zugrunde liegende Erfolgswahrscheinlichkeit ist – wie der Hypothesentest – mit einem Verfahrensfehler behaftet: In 5 % der Schlüsse ist das Stichprobenergebnis gar nicht für einen Schluss geeignet, da es ja signifikant vom Erwartungswert abweicht.

H. K. Strick, *Einführung in die Beurteilende Statistik*, essentials,
https://doi.org/10.1007/978-3-658-21855-3_4

Aber das weiß man nicht, wenn man ein Versuchsergebnis vorliegen hat. Auf lange Sicht ergibt sich also in 5 % der Schlüsse ein Intervall, das die tatsächliche Erfolgswahrscheinlichkeit nicht enthält.

Beispiel: Politbarometer

In der ZDF-Information zum *Politbarometer* heißt es: *Die Ergebnisse des ZDF-Politbarometers sind repräsentativ für die Wahlberechtigten in Deutschland. Dies stellt die Forschungsgruppe Wahlen sicher, indem die Befragten nach einem definierten Zufallsprinzip ausgewählt werden. Für jedes Politbarometer interviewen Mitarbeiter der Forschungsgruppe Wahlen telefonisch etwa 1250 Wahlberechtigte in ganz Deutschland ... Ergebnisse von Zufallsstichproben sind Wahrscheinlichkeitsaussagen und damit nicht 100-prozentig genau. Ein Beispiel: Bei der Projektion entscheiden sich 40 % für eine Partei. Die Fehlertoleranz beträgt dabei rund ± 3 Prozentpunkte. Das heißt, der Anteil dieser Partei bei allen Wahlberechtigten liegt zwischen 37 und 43 %.* (https://www.zdf.de/politik/politbarometer/sb-material/methodik-100.html).

Und die *Forschungsgruppe Wahlen* ergänzt diese Information wie folgt: *Der Fehlerbereich beträgt bei einem Anteilswert von 40 % rund ± drei Prozentpunkte und bei einem Anteilswert von 10 % rund ± zwei Prozentpunkte.* (http://www.forschungsgruppe.de/Aktuelles/Politbarometer/).

Wenn 40 % der Befragten in der Stichprobe vom Umfang $n = 1250$ eine bestimmte Meinung vertreten (beispielsweise angeben, dass sie eine bestimmte Partei wählen würden, wenn am kommenden Sonntag Wahlen wären), dann bedeutet dies:

In der Stichprobe haben $1250 \cdot 0{,}4 = 500$ der Befragten diese Meinung vertreten.

Ein möglicher Anteil in der Gesamtheit könnte natürlich $p = 0{,}4$ sein, denn das Ergebnis 500 liegt in der Mitte der 95 %-Umgebung von $\mu = 1250 \cdot 0{,}4 = 500$.

Das Ergebnis wäre aber auch mit anderen Erfolgswahrscheinlichkeiten verträglich, vgl. folgende Tabelle. Für die jeweils in der letzten Zeile der Tabelle angegebenen Erfolgswahrscheinlichkeiten gilt, dass das Stichprobenergebnis 500 *nicht mehr* in der 95 %-Umgebung liegt.

p	μ	σ	$[\mu - 1{,}96\sigma; \mu + 1{,}96\sigma]$
0,39	487,5	17,24	[453,7 ; 521,3]
0,38	475	17,16	[441,4 ; 508,6]
0,374	467,5	17,11	[434,0 ; 501,0]
0,373	466,25	17,10	[432,7 ; 499,8]
0,41	512,5	17,39	[478,4 ; 546,6]
0,42	525	17,45	[490,8 ; 559,2]
0,427	533,75	17,49	[499,5 ; 568,0]
0,428	535	17,49	[500,7 ; 569,3]

Für das 95 %-Konfidenzintervall zur relativen Häufigkeit 40 % ergibt sich: Alle Anteile in der Gesamtheit, die zwischen 37,4 % und 42,7 % (einschl.) liegen, haben die Eigenschaft, dass das Stichprobenergebnis 500 in der 95 %-Umgebung vom jeweiligen Erwartungswert μ liegt. Das entspricht (gerundet) den in der Information der *Forschungsgruppe Wahlen* genannten ± 3 Prozentpunkten.

Wenn 10 % der Befragten in der Stichprobe vom Umfang $n = 1250$ eine bestimmte Meinung vertreten, dann bedeutet dies: In der Stichprobe haben $1250 \cdot 0{,}1 = 125$ der Befragten diese Meinung vertreten.

Ein möglicher Anteil in der Gesamtheit könnte natürlich $p = 0{,}1$ sein, denn das Ergebnis 125 liegt in der Mitte der 95 %-Umgebung von $\mu = 1250 \cdot 0{,}1 = 125$.

Das Ergebnis wäre aber auch mit anderen Erfolgswahrscheinlichkeiten verträglich, vgl. folgende Tabelle. Auch hier gilt für die jeweils in der letzten Zeile der Tabelle angegebenen Erfolgswahrscheinlichkeiten, dass das Stichprobenergebnis 125 *nicht mehr* in der 95 %-Umgebung liegt.

Für das 95 %-Konfidenzintervall zur relativen Häufigkeit 10 % ergibt sich: Alle Anteile in der Gesamtheit, die zwischen 8,5 % und 11,7 % (einschl.) liegen, haben die Eigenschaft, dass das Stichprobenergebnis 125 in der 95 %-Umgebung vom jeweiligen Erwartungswert μ liegt. Das entspricht (gerundet) den in der Information der Forschungsgruppe Wahlen genannten ± 2 Prozentpunkten.

p	μ	σ	$[\mu - 1{,}96\sigma ; \mu + 1{,}96\sigma]$
0,095	118,75	10,37	[98,4 ; 139,1]
0,09	112,5	10,12	[92,7 ; 132,3]
0,085	106,25	9,86	[86,9 ; 125,6]
0,084	105	9,81	[85,8 ; 124,2]
0,11	137,5	11,06	[115,8 ; 159,2]
0,115	143,75	11,28	[121,6 ; 165,9]
0,117	146,25	11,36	[124,0 ; 168,5]
0,118	147,5	11,41	[125,1 ; 169,9]

▶ **Vergleich Hypothesentest – Konfidenzintervall-Bestimmung** Die Bestimmung von Konfidenzintervallen ist im Vergleich zu den zweiseitigen Hypothesentests die umfassendere Methode, denn man kann an ihnen unmittelbar ablesen, ob eine Hypothese abgelehnt wird oder nicht abgelehnt werden kann.

- Liegt eine Erfolgswahrscheinlichkeit p innerhalb des Konfidenzintervalls, dann gilt: Das Stichprobenergebnis ist verträglich mit der Erfolgswahrscheinlichkeit p und liegt daher im Annahmebereich der Hypothese.
- Liegt eine Erfolgswahrscheinlichkeit p außerhalb des Konfidenzintervalls, dann gilt: Das Stichprobenergebnis weicht signifikant vom zugehörigen Erwartungswert μ ab und liegt daher im Verwerfungsbereich der Hypothese.

Man erhält durch ein Konfidenzintervall eine größere Information, aber der Aufwand ist deutlich größer.

Hinweis: In Nachschlagewerken findet man oft Näherungsmethoden zur Bestimmung eines Konfidenzintervalls. Diese sind aber nur dann brauchbar, wenn die unbekannte Erfolgswahrscheinlichkeit in der Nähe von $p = 0{,}5$ liegt.

5 Der Chiquadrat-Anpassungstest

5.1 Einführung der Prüfgröße Chiquadrat

Bei der Einführung der Bernoulli-Ketten in *Einführung in die Wahrscheinlichkeitsrechnung – Stochastik kompakt* wurden auch Zufallsversuche mit mehr als zwei möglichen Ergebnissen betrachtet. Durch Zusammenfassen konnte man die Anzahl der möglichen Ergebnisse auf zwei reduzieren, sodass nur noch die Ergebnisse *Erfolg* und *Misserfolg* interessierten; beispielsweise wurde beim Werfen eines Würfels das Ereignis *Augenzahl 6* als *Erfolg* angesehen und das Ereignis *Augenzahl kleiner als 6* als *Misserfolg*.

Durch die Reduzierung auf zwei alternative Ergebnisse vereinfacht sich die Berechnung von Wahrscheinlichkeiten, und bei der Untersuchung von Abweichungen zum Erwartungswert können erfreulich einfache Faustregeln, die Sigma-Regeln, angewandt werden.

Gelegentlich aber erscheint eine solche Beschränkung auf zwei alternative Ergebnisse unangemessen, und man möchte dann wissen, ob das Ergebnis *insgesamt* ungewöhnlich ist oder nicht.

Auch hier besteht natürlich die Möglichkeit, alle möglichen Kombinationen von Ergebnissen zusammenzufassen (also als *Erfolg* anzusehen) und dann jede für sich zu untersuchen.

Beispiel: Würfeln

Ein gewöhnlicher 6-flächiger Würfel wurde 90-mal geworfen. Dabei ergab sich folgende Häufigkeitsverteilung. Sind die einzelnen Häufigkeiten *verträglich* mit den Laplace-Wahrscheinlichkeiten $p_1 = p_2 = p_3 = p_4 = p_5 = p_6 = \frac{1}{6}$?

Man kann jedes der sechs Einzelergebnisse für sich genommen als *Erfolg* ansehen (und jeweils die restlichen zusammengefasst als *Misserfolg*).

H. K. Strick, *Einführung in die Beurteilende Statistik*, essentials,
https://doi.org/10.1007/978-3-658-21855-3_5

Mithilfe der Sigma-Regeln findet man eine 95 %-Umgebung von $\mu = 90 \cdot \frac{1}{6} = 15$. Es ergibt sich, dass ein Ergebnis im Intervall zwischen 8 und 22 (jeweils einschließlich) die Bedingung einer Sicherheitswahrscheinlichkeit von 95 % erfüllt.

Wie aber ist es zu beurteilen, wenn bei *einer* der Augenzahlen (*Augenzahl 3)* die Häufigkeit *außerhalb* dieses Bereichs liegt, bei allen anderen aber *innerhalb?*

Augenzahl	1	2	3	4	5	6
Häufigkeit	13	12	23	17	15	10

Man kann aber auch jeweils zwei der sechs Ergebnisse zusammenfassen und es als *Erfolg* bewerten, wenn eine der beiden Augenzahlen fällt. Hierfür gibt es $\binom{6}{2} = \frac{6 \cdot 5}{2 \cdot 1} = 15$ Möglichkeiten (vgl. Abschn. 2.3 in *Einführung in die Wahrscheinlichkeitsrechnung – Stochastik kompakt*).

Mithilfe der Sigma-Regeln findet man eine 95 %-Umgebung von $\mu = 90 \cdot \frac{1}{3} = 30$. Es ergibt sich, dass ein Ergebnis im Intervall zwischen 21 und 39 (jeweils einschließlich) die Bedingung einer Sicherheitswahrscheinlichkeit von 95 % erfüllt.

- Wie ist es zu beurteilen, dass bei *einer* dieser Zweierkombinationen *(Augenzahl 3 oder Augenzahl 4)* die Häufigkeit *außerhalb* dieses Bereichs liegt, bei den anderen aber *innerhalb?*

Erfolg	{1 ; 2}	{1 ; 3}	{1 ; 4}	{1 ; 5}	{1 ; 6}	{2 ; 3}	{2 ; 4}	{2 ; 5}
Häufigkeit	25	36	30	28	23	35	29	27
Erfolg	{2 ; 6}	{3 ; 4}	{3 ; 5}	{3 ; 6}	{4 ; 5}	{4 ; 6}	{5 ; 6}	
Häufigkeit	22	40	38	33	32	27	25	

An den beiden Beispielen wird deutlich, dass man für Zufallsversuche, bei denen man mehr als zwei Ergebnisse unterscheiden kann (und möchte), ein allgemeineres Maß für die Abweichung einzelner Ergebnisse von den jeweiligen

Erwartungswerten finden muss. Ein solches Maß ist durch die Prüfgröße χ^2 gegeben, die der britische Mathematiker Karl Pearson im Jahr 1900 einführte.

Die Prüfgröße χ^2 (Chiquadrat) Können bei einem n-stufigen Zufallsversuch r verschiedene Ergebnisse mit den festen Wahrscheinlichkeiten $p_1, p_2, p_3, \ldots, p_r$ auftreten, also mit den Erwartungswerten $\mu_1 = n \cdot p_1$, $\mu_2 = n \cdot p_2$, $\mu_3 = n \cdot p_3, \ldots, \mu_r = n \cdot p_r$, dann misst man die Abweichungen der einzelnen Häufigkeiten $X_1, X_2, X_3, \ldots, X_r$ zu diesen Erwartungswerten mithilfe der Prüfgröße χ^2:

$$\chi^2 = \frac{(X_1 - \mu_1)^2}{\mu_1} + \frac{(X_2 - \mu_2)^2}{\mu_2} + \frac{(X_3 - \mu_3)^2}{\mu_3} + \ldots + \frac{(X_r - \mu_r)^2}{\mu_r}$$

Wie bei der Definition der Varianz werden die Abweichungen zu den einzelnen Erwartungswerten jeweils quadriert. Eine angemessene Gewichtung der Summanden wird dadurch gewährleistet, dass die quadrierten Differenzen durch die jeweiligen Erwartungswerte dividiert werden.

Im Einstiegsbeispiel ergibt sich

$$\begin{aligned}\chi^2 &= \frac{(13-15)^2}{15} + \frac{(12-15)^2}{15} + \frac{(23-15)^2}{15} \\ &\quad + \frac{(17-15)^2}{15} + \frac{(15-15)^2}{15} + \frac{(10-15)^2}{15} \\ &= \frac{4}{15} + \frac{9}{15} + \frac{64}{15} + \frac{4}{15} + \frac{0}{15} + \frac{25}{15} = \frac{106}{15} \approx 7,07\end{aligned}$$

Beispiel: Glücksrad

Das in Kap. 1 betrachtete Glücksrad stoppt mit Wahrscheinlichkeit $p_1 = \frac{1}{3}$ auf einem Sektor, der mit der Zahl 1 beschriftet ist, mit Wahrscheinlichkeit $p_2 = \frac{1}{2}$ auf einem Sektor mit der Zahl 2 und mit Wahrscheinlichkeit $p_3 = \frac{1}{6}$ auf dem Sektor mit der Zahl 4.

Bei einem konkreten Zufallsversuch wurde das Glücksrad 30-mal gedreht; dabei ergaben sich die Häufigkeiten $x_1 = 8$, $x_2 = 17$ und $x_3 = 5$.

Die Prüfgröße χ^2 hat also hier den folgenden Wert:

$$\begin{aligned}\chi^2(8;\ 17;5) &= \frac{(8-10)^2}{10} + \frac{(17-15)^2}{15} + \frac{(5-6)^2}{5} \\ &= \frac{4}{10} + \frac{4}{15} + \frac{1}{5} = \frac{12}{30} + \frac{8}{30} + \frac{6}{30} = \frac{26}{30} \approx 0,87\end{aligned}$$

Welche Bedeutung dieser Wert 0,87 hat, wird im Folgenden erläutert.

Hinweis: Am ersten und zweiten Summanden kann man gut sehen, warum in der Definition der Prüfgröße χ^2 die Differenzenquadrate durch die jeweiligen Erwartungswerte dividiert werden: Die ersten beiden Differenzen sind gleich groß, aber die Abweichung 2 ist bzgl. des Erwartungswerts 10 stärker zu gewichten als die Abweichung 2 bzgl. des Erwartungswerts 15.

Betrachtet man n-stufige Zufallsversuche mit mehr als zwei möglichen Ergebnissen, dann lassen sich auch hierzu die Wahrscheinlichkeiten für bestimmte Ergebnisse berechnen – statt der Bernoulli-Formel für Binomialverteilungen verwendet man dann entsprechende allgemeinere Formeln für die sog. **Polynomialverteilungen** *(poly* (griech.) = *viel).* Die Herleitung dieser Formeln würde allerdings den Rahmen dieser Einführung übersteigen.

Die Tabelle mit den Wahrscheinlichkeiten besteht nicht wie bei den n-stufigen Bernoulli-Ketten aus zwei Spalten mit $n+1$ Zeilen (erste Spalte: *Anzahl der Erfolge,* zweite Spalte: *zugehörige Wahrscheinlichkeit*), sondern aus einer Tabelle in Dreiecksform.

So wie es bei n-stufigen Bernoulli-Ketten genügt, die *Anzahl der Erfolge* anzugeben (da sich die Anzahl der Misserfolge aus der Differenz zu n ergibt), kann man sich bei n-stufigen Zufallsversuchen mit *drei* möglichen Ergebnissen auf *zwei* Angaben beschränken. Man sagt: Die **Anzahl der Freiheitsgrade** beträgt 2.

In Tab. 5.1 wurden in der linken Randspalte die möglichen Werte für x_1 und in der oberen Randzeile die möglichen Werte für x_2 eingetragen. Für die Wahrscheinlichkeit des Ergebnisses $(x_1; x_2; x_3) = (8; 17; 5)$ kann man in der Tabelle den Wert $P(8; 17; 5) = 0{,}023$ ablesen.

In dieser Tabelle wurden alle Werte weggelassen, die gerundet 0,000 ergeben – und entsprechend die Zeilen für $x_1 = 0, 1, 2$ und für $x_1 = 19, 20, \ldots, 30$ sowie die Spalten für $x_2 = 0, 1, \ldots, 7$ und für $x_2 = 25, 26, \ldots, 30$ weggelassen, da die Wahrscheinlichkeiten für diese Ergebnisse gerundet den Wert 0,000 ergeben. (Diese Werte wurden auch in den leeren Zellen ausgelassen.)

Man erkennt, dass das Ergebnis $(x_1; x_2; x_3) = (10; 15; 5) = (\mu_1; \mu_2; \mu_3)$ das Ergebnis mit der größten Wahrscheinlichkeit ist – analog zur Lage des Maximums bei Binomialverteilungen.

Für jedes der möglichen Ergebnisse $(x_1; x_2; x_3)$ kann man den Wert von χ^2 berechnen; beispielsweise wurde oben der Wert $\chi^2(8; 17; 5) \approx 0{,}87$ berechnet.

Eine besondere Rolle spielt das Ergebnis $(10; 15; 5) = (\mu_1; \mu_2; \mu_3)$: Hierfür ergibt sich $\chi^2(10; 15; 5) = 0$.

Ordnet man die möglichen Ergebnisse aufsteigend nach ihrem χ^2-Wert und kumuliert die zugehörigen Wahrscheinlichkeiten, dann ergibt sich ein Bereich von Ergebnissen, die mit einer Wahrscheinlichkeit von insgesamt ca. 95 % eintreten werden, d. h., Ergebnisse *außerhalb* dieses Bereichs kommt insgesamt nur eine Wahrscheinlichkeit von ca. 5 % zu, vgl. Tab. 5.2.

Tab. 5.1 Wahrscheinlichkeitsverteilung für den 30-stufigen Zufallsversuch mit den Erfolgswahrscheinlichkeiten $p_1 = \frac{1}{3}$, $\boldsymbol{p}_2 = \frac{1}{2}$ (also $p_3 = \frac{1}{6}$)

x_2 → ↓ x_1	8	9	10	11	12	13	14	15	16	17	18	19	20	21	22	23	24
3																	
4										0,001	0,001	0,002	0,002	0,001	0,001		
5								0,001	0,002	0,003	0,004	0,004	0,004	0,003	0,001	0,001	
6						0,001	0,002	0,003	0,005	0,008	0,009	0,008	0,006	0,004	0,001		
7					0,001	0,002	0,005	0,008	0,012	0,015	0,015	0,012	0,007	0,003	0,001		
8				0,001	0,002	0,005	0,010	0,017	0,022	0,023	0,019	0,012	0,005	0,002			
9			0,001	0,002	0,005	0,011	0,018	0,026	0,029	0,026	0,017	0,008	0,002				
10			0,002	0,004	0,009	0,017	0,026	**0,031**	0,029	0,020	0,010	0,003					
11		0,001	0,003	0,007	0,014	0,022	0,028	0,028	0,021	0,011	0,004	0,001					
12		0,002	0,004	0,009	0,016	0,022	0,023	0,019	0,011	0,004	0,001						
13	0,001	0,002	0,005	0,010	0,015	0,017	0,014	0,009	0,003	0,001							
14	0,001	0,002	0,005	0,008	0,010	0,010	0,006	0,002									
15	0,001	0,002	0,004	0,006	0,006	0,004	0,002										
16	0,001	0,002	0,003	0,003	0,002	0,001											
17	0,001	0,001	0,001	0,001													
18																	

Tab. 5.2 95 %-Umgebung des Erwartungswerts beim 30-stufigen Zufallsversuch mit den Erfolgswahrscheinlichkeiten $p_1 = \frac{1}{3}$, $p_2 = \frac{1}{2}$ und $p_3 = \frac{1}{6}$

x_2 → ↓ x_1	8	9	10	11	12	13	14	15	16	17	18	19	20	21	22	23	24
3	◇	◇	◇	◇	◇	◇	◇	◇	◇	◇	◇	◇	◇	◇	◇	◇	◇
4	◇	◇	◇	◇	◇	◇	◇	◇	◇	◇	☑	☑	☑	☑	◇	◇	◇
5	◇	◇	◇	◇	◇	◇	◇	◇	☑	☑	☑	☑	☑	☑	◇	◇	◇
6	◇	◇	◇	◇	◇	◇	◇	☑	☑	☑	☑	☑	☑	☑	◇	◇	◇
7	◇	◇	◇	◇	◇	◇	☑	☑	☑	☑	☑	☑	☑	☑	◇	◇	
8	◇	◇	◇	◇	☑	☑	☑	☑	☑	☑	☑	☑	☑	☑	◇		
9	◇	◇	◇	◇	☑	☑	☑	☑	☑	☑	☑	☑	☑	◇			
10	◇	◇	◇	☑	☑	☑	☑	☑	☑	☑	☑	☑	◇				
11	◇	◇	☑	☑	☑	☑	☑	☑	☑	☑	☑	◇					
12	◇	☑	☑	☑	☑	☑	☑	☑	☑	☑	☑						
13	◇	☑	☑	☑	☑	☑	☑	☑	☑	◇							
14	◇	☑	☑	☑	☑	☑	☑	☑	◇								
15	◇	☑	☑	☑	☑	☑	☑	◇									
16	◇	☑	☑	☑	☑	◇	◇										
17	◇	◇	◇	◇	◇	◇											

Für alle Ergebnisse, die innerhalb dieses 95 %-Bereichs liegen, gilt: $\chi^2(x_1; x_2; x_3) \leq 5{,}99$.

Der Erwartungswert ist hier $(\mu_1; \mu_2; \mu_3) = (n \cdot p_1; n \cdot p_2; n \cdot p_3) = (10; 15; 5)$; der in Tab. 5.2 markierte Bereich kann auch als 95 %-Umgebung des Erwartungswerts bezeichnet werden.

Die Zahl 5,99 ist also ein **kritischer Wert** für den 30-stufigen Zufallsversuch mit den Erfolgswahrscheinlichkeiten $p_1 = \frac{1}{3}$, $p_2 = \frac{1}{2}$ und $p_3 = \frac{1}{6}$. Ein Ergebnis wie beispielsweise (6; 14; 10) liegt außerhalb der 95 %-Umgebung des Erwartungswerts, weicht also **signifikant** vom Erwartungswert ab.

Die 95 %-Umgebung hat eine symmetrische Form; sie wird auch als **95 %-Ellipse** bezeichnet.

5.2 Der Chiquadrat-Anpassungstest

Beim χ^2-Anpassungstest geht man ähnlich vor wie beim zweiseitigen Hypothesentest (vgl. Abschn. 3.1): Eine Hypothese über die zugrunde liegenden Erfolgswahrscheinlichkeiten wird überprüft, indem man untersucht, ob das Ergebnis eines Zufallsversuchs innerhalb oder außerhalb der 95 %-Umgebung liegt (bzw. einer Umgebung mit ggf. anderer Sicherheitswahrscheinlichkeit). Sofern die Anzahl der Versuche hinreichend groß ist, gibt es für jeden Freiheitsgrad einfache Faustregeln (kritische Werte), mithilfe derer man entscheiden kann, ob ein Versuchsergebnis verträglich ist mit den Erfolgswahrscheinlichkeiten der Hypothese oder ob es signifikant abweicht.

Der Test wird als **Anpassungstest** bezeichnet, weil es um die Frage geht, inwieweit ein Vorgang durch bestimmte hypothetische Erfolgswahrscheinlichkeiten $(p_1, p_2, p_3, \ldots, p_r)$ angemessen beschrieben werden kann.

▶ **Kritische Werte für die Prüfgröße χ^2** Will man testen, ob einem Zufallsversuch mit r möglichen Ergebnissen die Erfolgswahrscheinlichkeiten $(p_1, p_2, p_3, \ldots, p_r)$ zugrunde liegen, dann bestimmt man den Wert der Prüfgröße χ^2 zum Versuchsergebnis $(x_1; x_2; x_3; \ldots; x_r)$ und vergleicht diesen Wert mit den kritischen Werten der folgenden Tabelle.

Ist der χ^2-Wert des Versuchsergebnisses größer als der kritische Wert, dann wird die zusammengesetzte Hypothese über die Erfolgswahrscheinlichkeiten verworfen, andernfalls sieht man sich nicht veranlasst, die Richtigkeit der Hypothese infrage zu stellen.

Diese Faustregel ist anwendbar, wenn für die Anzahl n der Versuchsdurchführungen gilt $n \geq 30$ und für die Erwartungswerte $\mu_k = n \cdot p_k \geq 5$ $(k = 1, 2, 3, \ldots, r)$.

Freiheitsgrad $f = r - 1$		1	2	3	4	5	6
kritischer Wert von χ^2	95 %	3,84	5,99	7,81	9,49	11,07	12,59
	99 %	6,63	9,21	11,34	13,28	15,09	16,81

Beispiel: Würfeln

Am Anfang des Kapitels wurde das Werfen eines gewöhnlichen 6-flächigen Würfels betrachtet. Bei der Untersuchung der zusammengesetzten Hypothese $p_1 = p_2 = p_3 = p_4 = p_5 = p_6 = \frac{1}{6}$ ergab sich ein χ^2-Wert von 7,07. Da dieser Wert kleiner ist als der kritische Wert 11,07 zum Freiheitsgrad 5, sieht man sich nicht veranlasst, an der Richtigkeit der Hypothese zu zweifeln.

Beispiel: Blutgruppen und Krankheiten

Seit den 1960er-Jahren ist in zahlreichen Stichproben untersucht worden, ob es einen Zusammenhang zwischen der Blutgruppenzugehörigkeit und bestimmten Krankheiten gibt. Bei einer der ersten Untersuchungen wurden in einer Stichprobe 2361 Personen in Krakau erfasst, die an einem Magengeschwür erkrankt waren.

Hierbei ergaben sich die Daten der u. a. Tabelle.

Die *erwartete Anzahl in der Stichprobe* wurde berechnet, indem der Anteil p der Menschen mit dieser Blutgruppe in Polen (= Gesamtheit) mit dem Stichprobenumfang $n = 2361$ multipliziert wurde.

Für die Prüfgröße χ^2 mit Freiheitsgrad 3 ergibt sich hier:

$$\chi^2 = \frac{(890 - 760)^2}{760} + \frac{(824 - 928)^2}{928} + \frac{(456 - 479)^2}{479} + \frac{(191 - 194)^2}{194} \approx 35{,}04$$

Das Stichprobenergebnis weicht hochsignifikant vom Erwartungswert ab; dies gab dann Anlass für weitere Untersuchungen des Zusammenhangs.

Blutgruppe	0	A	B	AB
erwartete Anzahl in der Stichprobe	$2361 \cdot 0{,}322 \approx 760$	$2361 \cdot 0{,}393 \approx 928$	$2361 \cdot 0{,}203 \approx 479$	$2361 \cdot 0{,}082 \approx 194$
tatsächliche Anzahl in der Stichprobe	890	824	456	191

Beispiel: Gerade und ungerade Gewinnzahlen beim Lotto

Von den 49 Kugeln, die sich im Ziehungsgefäß befinden, tragen 25 eine ungerade Nummer und 24 eine gerade Nummer. Die Zufallsgröße *Anzahl der geraden Gewinnzahlen* kann die Werte 0, 1, 2, 3, 4, 5, 6 annehmen.

Wenn der Ziehungsvorgang allen Kugeln die gleichen Chancen bietet, gezogen zu werden, dann lassen sich die zugehörigen Wahrscheinlichkeiten mithilfe der Methoden berechnen, die am Ende von Abschn. 2.3 in *Einführung in die Wahrscheinlichkeitsrechnung – Stochastik kompakt* erläutert wurden, vgl. Tab. 5.3.

Aus der folgenden Tabelle kann man entnehmen, wie oft die sieben möglichen Fälle tatsächlich in den 5548 Lottoziehungen bis Ende 2016 aufgetreten sind und wie groß die zugehörigen Erwartungswerte sind. Es handelt sich um einen 5548-stufigen Zufallsversuch mit 7 möglichen Ergebnissen (also 6 Freiheitsgraden).

Anzahl der geraden Gewinnzahlen	0	1	2	3	4	5	6
zu erwartende Häufigkeit	70	506	1385	1847	1265	422	53
tatsächliche Häufigkeit	60	475	1470	1828	1232	422	61

In der folgenden Grafik sind die Daten in Form eines Säulendiagramms dargestellt, dabei wurden die zu den erfassten Häufigkeiten gehörenden Säulen dunkelgrau gefärbt, die zu den Erwartungswerten gehörenden Säulen hellgrau.

Tab. 5.3 Wahrscheinlichkeitsverteilung der Zufallsgröße *Anzahl der geraden Gewinnzahlen beim Lottospiel 6 aus 49*

k	0	1	2	3
Wahrscheinlichkeit	$\frac{\binom{24}{0}\cdot\binom{25}{6}}{\binom{49}{6}} \approx 1{,}27\,\%$	$\frac{\binom{24}{1}\cdot\binom{25}{5}}{\binom{49}{6}} \approx 9{,}12\,\%$	$\frac{\binom{24}{2}\cdot\binom{25}{4}}{\binom{49}{6}} \approx 24{,}97\,\%$	$\frac{\binom{24}{3}\cdot\binom{25}{3}}{\binom{49}{6}} \approx 33{,}29\,\%$
k	4	5	6	
Wahrscheinlichkeit	$\frac{\binom{24}{4}\cdot\binom{25}{5}}{\binom{49}{6}} \approx 22{,}80\,\%$	$\frac{\binom{24}{5}\cdot\binom{25}{1}}{\binom{49}{6}} \approx 7{,}60\,\%$	$\frac{\binom{24}{0}\cdot\binom{25}{6}}{\binom{49}{6}} \approx 0{,}96\,\%$	

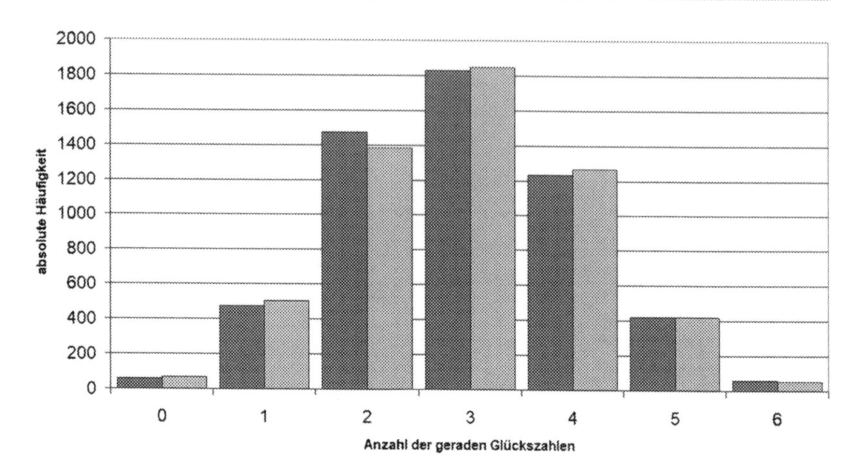

Hier ergibt sich für die Prüfgröße χ^2:

$$\begin{aligned}\chi^2 &= \frac{(60-70)^2}{70} + \frac{(475-506)^2}{506} + \frac{(1470-1385)^2}{1385} \\ &+ \frac{(1828-1847)^2}{1847} + \frac{(1232-1265)^2}{422} + \frac{(422-422)^2}{422} + \frac{(61-53)^2}{53} \\ &\approx 10{,}81\end{aligned}$$

Da der berechnete χ^2-Wert kleiner ist als der o. a. kritische Wert 12,59, sieht man sich nicht veranlasst, an der Zufälligkeit der Ziehungen zu zweifeln.

Der χ^2-Anpassungstest ist auch im Falle $r=2$, also $f=1$, anwendbar. Hier gilt sogar ein einfacher Zusammenhang zwischen dem Binomialtest und dem χ^2-Anpassungstest:

- Zur Sicherheitswahrscheinlichkeit 95 % gehört die $1{,}96\sigma$-Umgebung um den Erwartungswert – der kritische Wert 3,84 ergibt sich durch Quadrieren von 1,96.
- Zur Sicherheitswahrscheinlichkeit 99 % gehört die $2{,}58\sigma$-Umgebung um den Erwartungswert – der kritische Wert 6,63 ergibt sich durch Quadrieren von 2,58.

Beispiel: Linke und rechte Schuhe

In Abschn. 3.1 wurde die Hypothese untersucht: Wenn die Form der gleichartigen Objekte keine Rolle spielt (konkret: die Unterscheidung *linker Schuh/ rechter Schuh*), dann liegt der 107-stufigen Bernoulli-Kette die Erfolgswahrscheinlichkeit $p = \frac{1}{2}$ zugrunde.

Im Sinne der erweiterten Überlegungen wird hier die zusammengesetzte Hypothese $p_1 = \frac{1}{2}$ (Erfolgswahrscheinlichkeit für das Auffinden eines linken Schuhs) und $p_2 = \frac{1}{2}$ (Erfolgswahrscheinlichkeit für das Auffinden eines rechten Schuhs) getestet.

Es handelt sich um einen Zufallsversuch mit zwei möglichen Ergebnissen, also mit Freiheitsgrad 1.

Versuchsergebnis: Am Strand von Texel fand Mardik Leopold $x_1 = 68$ linke und $x_2 = 39$ rechte Schuhe.

Da gemäß der Hypothese $\mu_1 = \mu_2 = 53{,}5$ Schuhe von jeder Sorte zu erwarten waren, ergibt sich $\chi^2(68;\ 39) = \frac{(68-53{,}5)^2}{53{,}5} + \frac{(39-53{,}5)^2}{53{,}5} \approx 7{,}86$. Dieser Wert ist größer als der kritische Wert zur Sicherheitswahrscheinlichkeit 99 %, d. h., das Ergebnis weicht hochsignifikant vom Erwartungswert ab. Daher kann die zusammengesetzte Hypothese $p_1 = \frac{1}{2}$, $p_2 = \frac{1}{2}$ verworfen werden.

Was Sie aus diesem *essential* mitnehmen können

In dieser Einführung in die Beurteilende Statistik haben Sie gelernt,

- wie man mithilfe der Standardabweichung einer Binomialverteilung Aussagen darüber machen kann, in welchen Bereichen die Ergebnisse von Bernoulli-Versuchen liegen werden,
- wie man Hypothesentests anlegt und welche Fehler hierbei auftreten können,
- welche Schlüsse von einer Stichprobe auf die Gesamtheit möglich sind,
- wie der Binomialtest zum Chiquadrat-Anpassungstest erweitert wird.

H. K. Strick, *Einführung in die Beurteilende Statistik*, essentials,
https://doi.org/10.1007/978-3-658-21855-3

Literatur

Strick, H. K. et al. (2003). *Elemente der Mathematik SII – Leistungskurs Stochastik.* Braunschweig: Schroedel.

Strick, H. K. (2008). *Einführung in die Beurteilende Statistik.* Braunschweig: Schroedel.

Henze, N. (2016). *Stochastik für Einsteiger* (11. Aufl.). Heidelberg: Springer Spektrum.

H. K. Strick, *Einführung in die Beurteilende Statistik,* essentials,
https://doi.org/10.1007/978-3-658-21855-3

Printed in the United States
By Bookmasters